能量
的动力

NENGLIANG DE DONGLI

人生大学讲堂书系

人生大学活法讲堂

拾月　主编

主　编：拾　月

副主编：王洪锋　卢丽艳

编　委：张　帅　车　坤　丁　辉
　　　　李　丹　贾宇墨

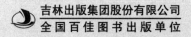
吉林出版集团股份有限公司
全国百佳图书出版单位

图书在版编目（CIP）数据

能量的动力 / 拾月主编. -- 长春：吉林出版集团股份有限公司, 2016.2（2022.4重印）
（人生大学讲堂书系）
ISBN 978-7-5581-0743-6

Ⅰ. ①能… Ⅱ. ①拾… Ⅲ. ①成功心理－青少年读物 Ⅳ. ①B848.4-49

中国版本图书馆CIP数据核字（2016）第041334号

NENGLIANG DE DONGLI

能量的动力

主　　编　拾　月
副 主 编　王洪锋　卢丽艳
责任编辑　杨亚仙
装帧设计　刘美丽

出　　版　吉林出版集团股份有限公司
发　　行　吉林出版集团社科图书有限公司
地　　址　吉林省长春市南关区福祉大路5788号　邮编：130118
印　　刷　鸿鹄（唐山）印务有限公司
电　　话　0431-81629712（总编办）　0431-81629729（营销中心）
抖 音 号　吉林出版集团社科图书有限公司 37009026326

开　　本　710 mm×1000 mm　1 / 16
印　　张　12
字　　数　200 千字
版　　次　2016 年 3 月第 1 版
印　　次　2022 年 4 月第 2 次印刷

书　　号　ISBN 978-7-5581-0743-6
定　　价　36.00 元

如有印装质量问题，请与市场营销中心联系调换。0431-81629729

"人生大学讲堂书系" 总前言

昙花一现，把耀眼的美只定格在了一瞬间，无数的努力、无数的付出只为这一个宁静的夜晚；蚕蛹在无数个黑夜中默默地等待，只为了有朝一日破茧成蝶，完成生命的飞跃。人生也一样，短暂却也耀眼。

每一个生命的诞生，都如摊开一张崭新的图画。岁月的年轮在四季的脚步中增长，生命在一呼一吸间得到升华。随着时间的推移，我们渐渐成长，对人生有了更深刻的认识：人的一生原来一直都在不停地学习。学习说话、学习走路、学习知识、学习为人处世……"活到老，学到老"远不是说说那么简单。

有梦就去追，永远不会觉得累。——假若你是一棵小草，即使没有花儿的艳丽，大树的强壮，但是你却可以为大地穿上美丽的外衣。假若你是一条无名的小溪，即使没有大海的浩瀚，大江的奔腾，但是你可以汇成浩浩荡荡的江河。人生也是如此，即使你是一个不出众的人，但只要你不断学习，坚持不懈，就一定会有流光溢彩之日。邓小平曾经说过："我没有上过大学，但我一向认为，从我出生那天起，就在上着人生这所大学。它没有毕业的一天，直到去见上帝。"

人生在世，需要目标、追求与奋斗；需要尝尽苦辣酸甜；需要在失败后汲取经验。俗话说，"不经历风雨，怎能见彩虹"，人生注定要九转曲折，没有谁的一生是一帆风顺的。生命中每一个挫折的降临，都是命运驱使你重新开始的机会，让你有朝一日苦尽甘来。每个人都曾遭受过打击与嘲讽，但人生都会有收获时节，你最终还是会奏响生命的乐章，唱出自己最美妙的歌！

正所谓，"失败是成功之母"。在漫长的成长路途中，我们都会经历无数次磨炼。但是，我们不能气馁，不能向失败认输。那样的话，就等于抛弃了自己。我们应该一往无前，怀着必胜的信念，迎接成功那一刻的辉煌……

感悟人生，我们应该懂得面对，这样人生才不会失去勇气……

感悟人生，我们应该知道乐观，这样生活才不会失去希望……

感悟人生，我们应该学会智慧，这样在社会上才不会迷失……

本套"人生大学讲堂书系"分别从"人生大学活法讲堂""人生大学名人讲堂""人生大学榜样讲堂""人生大学知识讲堂"四个方面，以人生的真知灼见去诠释人生大学这个主题的寓意和内涵，让每个人都能够读完"人生的大学"，成为一名"人生大学"的优等生，使每个人都能够创造出生命中的辉煌，让人生之花耀眼绚丽地绽放！

作为新时代的青年人，终究要登上人生大学的顶峰，打造自己的一片蓝天，像雄鹰一样展翅翱翔！

"人生大学活法讲堂"丛书前言

"世事洞明皆学问，人情练达即文章。"可见，只有洞明世事、通晓人情世故，才能做好处世的大学问，才能写好人生的大文章。特别是在我们周围，已经有不少成功的人，他们以自己取得的骄人成绩向世人证明：人在生活面前从来就不是弱者，所有人都拥有着成就大事的能力和资本。他们成功的为人处世经验，是每个追求幸福生活的有志青年可以借鉴和学习的。

幸运不会从天而降。要想拥有快乐幸福的人生，我们就要选择最适合自己的活法，活出自己与众不同的精彩。

事实上，每个人在这个世界上生存，都需要选择一种活法。选择了不同的活法，也就选择了不同的人生归宿。处事方式不当，会让人在社会上处处碰壁，举步维艰；而要想出人头地，顶天立地地活着，就要懂得适时低头，通晓人情世故。有舍有得，才能享受精彩人生。

奉行什么样的做人准则，拥有什么样的社交圈子，说话办事的能力如何……总而言之，奉行什么样的"活法"，就有着什么样的为人处世之道，这是人生的必修课。在某种程度上，这决定着一个人生活、工作、事业等诸多方面所能达到的高度。

人的一生是短暂的，匆匆几十载，有时还来不及品味就已经一去不复返了。面对如此短暂的人生，我们不禁要问：幸福是什么？狄慈根说："整个人类的幸福才是自己的幸福。"穆尼尔·纳素夫说："真正的幸福只有当你真正地认识到人生的价值时，才能体会到。"不管是众人的大幸福，还是自己渺小的个人幸福，都是我们对于理想生活的一种追求。

要想让自己获得一个幸福的人生，首先就要掌握一些必要的为人处世经验。如何为人处世，本身就是一门学问。古往今来，但凡有所成就之人，无论其成就大小，无论其地位高低，都在为人处世方面做得非常漂亮。行走于现代社会，面对激烈的竞争，面对纷繁复杂的社会关系，只有会做人，会做事，把人做得伟岸坦荡，把事做得干净漂亮，才会跨过艰难险阻，成就美好人生。

那么，在"人生大学"面前，应该掌握哪些处世经验呢？别急，在本套丛书中你就能找到答案。面对当今竞争激烈的时代，结合个人成长过程中的现状，我们特别编写了本套丛书，目的就是帮助广大读者更好地了解为人处世之道，可以运用书中的一些经验，为自己创造更幸福的生活，追求更成功的人生。

本套丛书立足于现实，包含《生命的思索》《人生的梦想》《社会的舞台》《激荡的人生》《奋斗的辉煌》《窘境的突围》《机遇的抉择》《活法的优化》《慎独的情操》《能量的动力》十本书，从十个方面入手，通过扣人心弦的故事进行深刻剖析，全面地介绍了人在社会交往、事业、家庭等各个方面所必须了解和应当具备的为人处世经验，告诉新时代的年轻朋友们什么样的"活法"是正确的，人要怎么活才能活出精彩的自己，活出幸福的人生。

作为新时代的青年人，你应该时时翻阅此书。你可以把它看作一部现代社会青年如何灵活处世的智慧之书，也可以把它看作一部青年人追求成功和幸福的必读之书。相信本套丛书会带给你一些有益的帮助，让你在为人处世中增长技能，从而获得幸福的人生！

第1章 良好的情绪是能量的源泉

第3章　修炼气质提高能量的功率

第5章　透过人脉传递正能量

第 6 章 用强大的内心抵御负能量

第 1 章

良好的情绪是能量的源泉

人类的情绪，是人们对自身及客观事物的体验和态度的一种反映。研究表明，积极的情绪可以保持机体内外环境的平衡和协调，消极的情绪则会严重干扰心理活动的稳定，会导致体液分泌紊乱、免疫功能下降。

每个人根据自己所拥有的经验，会对自己的情绪产生一些独特的想法，可从实际情况来看，情绪比人们想象的还要复杂得多。这就需要人们在某种程度上了解情绪对人产生的影响，并初步认识情绪产生和发展的基本规律，这对人们有效地进行疏导情绪，解放心灵产生积极的效果，也有利于人们的身心健康，进而更好地把自己的热情投入到学习和工作当中。

第一节　疏导情绪，为心灵减压

在现实生活中，情绪就像影子一样和人形影不离，在日常的学习、工作和生活中我们无时无刻都会感觉到它的存在以及给人们的心理和生理上带来的影响和变化。

对于情绪，有很多可以具体描绘它的词汇，比如把情绪描述成开心的和不开心的，满意的和不满意的，温和的和偏强的，愉快的和不愉快的，短暂的和持久的，等等。总体来说，可以把情绪简单地分为积极的情绪和消极的情绪。

人类的情绪，是人对自身及客观事物的体验和态度的一种反映。研究表明，积极的情绪可以保持机体内外环境的平衡和协调，消极的情绪则会严重干扰心理活动的稳定，导致体液分泌紊乱、免疫功能下降。

每个人根据自己的经验，会对自己的情绪产生一些独特的想法。从实际情况来看，情绪比人们想象的还要复杂得多。这就需要人们在某种程度上了解情绪对人产生的影响，并初步地认识情绪产生和发展的基本规律，这对人们有效地进行疏导情绪，解放心灵会产生积极的效果，也有利于人们的身心健康，进而更好地把自己的热情投入到学习和工作当中。

只要人们认识了情绪，就可以通过自己的理性对其进行有效的疏导，无论是积极的情绪，还是消极的情绪。对于积极的情绪来说，它不但能够使人更轻松地为人处事，更能够使人的身心在一种健康的环境中成长。而消极情绪则恰恰相反，这种情绪不仅可以破坏工作进度，还能影响人际关系，甚至会让人身心受挫，一蹶不振。

情绪失控导致落败

1965 年 9 月 7 日，世界台球冠军争夺赛在纽约举行。著名选手路易斯·福克斯的得分一路遥遥领先，只需要再得几分就可以稳操胜券了。然而就在这个时候，他发现一只苍蝇落在了主球上，接着他挥了挥手把苍蝇赶走了。但是当他俯身击球的时候，那只苍蝇又飞回来落在了主球上。福克斯在观众的笑声中气急败坏起来，他再一次挥手驱赶苍蝇。可是，那只苍蝇似乎是有意跟他作对似的，当他又一次准备击球的时候，苍蝇再一次飞了回来。这一幕，让周围的观众们哄堂大笑。在这种情况下，福克斯的情绪彻底失控了，他丧失了理智，冒失地用球杆去击打苍蝇。当他的球杆碰到主球时，裁判判定他击球结束，他就这样失去了绝杀对手的机会。

在这一轮击球结束之后，福克斯乱了方寸，不断失误，他的对手则抓住了机会，愈战愈勇。最后，福克斯败在对方手里，输掉了唾手可得的冠军宝座。

第二天早上，人们在河里发现了路易斯·福克斯的尸体——他投河自尽了。

与其说是苍蝇导致了福克斯的悲剧，不如说福克斯败在自己失控的情绪上。苍蝇落在主球上，原本是一件无伤大雅的小事，却让福克斯十分在意。当一切不能按照他的预期进行时，福克斯愤怒的情绪击溃了他的理智，结果令他功败垂成；而福克斯的自杀，代表了他人生的彻底的完结。可以说，这一切都是由于他不能有效地疏导自己的情绪：他无法控制自己的愤怒情绪，致使他输掉了冠军；他不能疏导自己沮丧和绝望的情绪，使他放弃了生命。

观察周围，我们很容易见到情绪失控的人们。商店里，营业员对顾客的询问充耳不闻；出租车上，司机由于交通拥堵而怒气冲天；考场外，考生由于考试不理想而失魂落魄；彩票站里，彩民由于意外中奖而欣喜若狂……还有许多关于情绪失控的情形，不胜枚举。当然，人类是有情绪的动物，但人应该学会合理地疏导情绪，而不是被情绪操控。要明白，有时候，愤怒、哀伤、狂喜、失望，这些情绪只会使自己或他人受到伤害，而对于解决问题却是于事无补。只有有效地疏导自己的不良情绪，才可以把自己解放出来，更好地规划自己的未来。

擅长疏导情绪，收获美好未来

一个名叫史蒂文的精神病博士，曾被关押在纳粹集中营里很长一段时间。在那里，他饱受屈辱。在这样非人待遇的环境里，每天都有人消失，每天都有人绝望。而当时的史蒂文意识到，如果自己不能有效疏导好自己的情绪，他也难以逃脱精神崩溃的命运。于是，当他站在扎满钢刺的铁丝网前仰望天空时，他迫使自己不再想那些恐怖的事物，而是特意回想生命中那些美好的欢乐时光。他的心沉醉在美好的回忆中，忘记了之前遭受的残酷折磨、恐怖的惊吓以及无尽的焦虑。

后来盟军把这个集中营攻下了，当史蒂文从集中营被放出来的时候，他的精神状态仍然保持得很好，他看起来还是那么的年轻和富有朝气。

这个故事告诉人们，那些擅长疏导自身情绪的人，可以通过抑制自身的不良情绪，进而打败残酷阴暗的现实，最终收获美好未来。

对于那些懂得有效疏导情绪的人们来讲，他们的正能量已经到达了理性的领域。处在这一境界的人们，可以通过有效解放自己的心灵，来更好地控制自己的情绪，为实现自身的发展奠定了必要的基础。

人只要接触社会，就难免会碰到各种各样的不顺。能否从不顺当中突围，在很大程度上取决于这个人的情绪疏导能力。一个人假如可以有效疏导自己的情绪，他就能掌握好自己的人生，无论前进的道路多么坎坷，他努力的方向永远指向成功。

在产生一种情绪的时候，首先要做的就是对其进行引导。顺利实现情绪控制，在让自己的情绪安定下来的同时，内心就会产生无穷的能量。

第二节　缓解紧张情绪的良方

让自己从紧张情绪中解放出来

面对当今社会竞争激烈、节奏快、效率高的生活状态，很多人无可避免地产生了紧张情绪。一般而言，人们需要一些适度的紧张情绪，但同时也应该看到，过度的紧张情绪是非常不利于解决问题的。从生理心理学的角度来看，一个人假如长期、反复地处于超生理强度的紧张情绪之中，就容易出现激动、恼怒、急躁等现象，严重的还会导致大脑神经功能出现紊乱，损害人们的身心健康。所以，要克服紧张的情绪，就要设法让自己从紧张情绪当中解放出来。

有一位女歌手，首次登台演出，内心十分紧张。想到自己马上就要上场，面对上千名观众，她的手心都在冒汗："要是在舞台上一紧张，忘了歌词怎么办？"越想，她的心跳得越快，甚至产生了打退堂鼓的念头。

就在这时，一位前辈笑着走过来，随手将一个纸卷塞到她的手里，轻声说道："这里面写着你要唱的歌词，如果你在台上忘了词，就打开来看。"她握着这张纸条，像握着一根救命的稻草，匆匆上了台。也许因为那个纸卷握在手心，她的心踏实了许多。她在台上发挥得相当好，完全没有失常。

她高兴地走下舞台，向那位前辈致谢。前辈却笑着说："是你自己战胜了自己，找回了自信。其实，我给你的，是一张白纸，上面根本没有写什么歌词！"她展开手心里的纸卷，果然上面什么也没写。她感到惊讶，自己凭着握住一张白纸，竟顺利地渡过了难关，获得了演出的成功。

"你握住的这张白纸，并不是一张白纸，而是你的自信啊！"前辈说。女歌手拜谢了前辈。在以后的人生路上，她就是凭着自信战胜了紧张，取得了一次又一次成功。

控制紧张情绪，从本质上来说有两个要求。第一，要逐步降低对自己的要求。一个人倘若非常争强好胜，事事都要争先，都力求做到最好，当然会时常感觉到时间紧迫，紧张情绪也会随之而来。假如可以充分认清自己的能力和精力的约束条件，逐渐降低对自己的要求，所有的事情从整体和长远的角度进行思考，不过分在意别人对自己的看法和评价，自然就会让心情得到放松，紧张情绪也会随之消失。第二，要学会调整自己工作和生活的节奏，做到劳逸结合。在工作学习中就要集中精神，在放松时就要玩个痛快，休息时就要保证充足的睡眠时间，这样才有利于控制自己的紧张情绪。

控制紧张情绪的方法

当紧张的情绪反应已经出现的时候，应当先采用一些简单有效的调整方法来进行控制。

首先，要坦然面对和接受自己的这种紧张情绪。

最初想到的应该是认为紧张是一件正常的事情，其他人在面对同样的问题时可能表现得比自己还要紧张。不要尝试和这种不安的情绪敌对，应当学着去接受它、体验它。要把自己培养得像一个局外人一样来观察自己害怕的心理，不要让自己深陷其中，切不可让这种情绪完全控制自己。"假如我感到紧张，那我的确就是紧张，可是我不能由于紧张而无所作为"。这时可以试着和自己紧张的心理进行对话，问自己所担忧的最坏的结果是什么样的？这样就能做到直视并接受这种紧张的情绪，淡然从容地应对，有条不紊地做自己原本要做的事情。

其次，做一些让身心放松的活动。

具体做法是：找一个周围安静、空气清新、不被打扰、光线柔和、活动自如的地方，用一个自己感觉比较舒服的姿势，站、坐或躺下。也可以活动一下身体的一些关节和肌肉，做的时候速度要缓慢均匀，动作不需要有一定的模式或步骤，只要感觉到肌肉松弛，关节伸展就可以了。还可以做深呼吸，慢慢吸气随后慢慢呼出，每当呼气的时候在心里默念"放松"。

再次，说到具体的控制紧张情绪的良方，有以下八种：

◇学会暂时回避

在遇到不顺利的事情时，其实可以选择暂时性地回避它，去听一首歌或是去看一场电影。还可以选择外出散心，把周围的环境改变一下，这样会得到一次彻底的放松。对于有些人来说，强迫自己去忍受一些事物，这简直就是一种折磨和惩罚。当自己的情绪渐渐恢复平静，而且和其他人都保持友好的关系，可以冷静地接受时，再回头着手解决问题。

◇改掉爱发怒的习惯

想要发怒的时候，就应该努力学会抑制自己，接着把它延迟到第二天，同时把精力转移到一些比较有意义的事情上来，比如清洁、木工、园艺等工作，或者是散步、打一场球，从而平复一下自己躁动的情绪。

◇学会谦虚谨慎

如果常常有人和自己发生争吵，就要反思一下自己做事时是不是有些过分固执和主观。特别值得注意的是，这样的争吵可能会给身边的亲人，尤其是孩子们带来很多不利的影响。应该给自己留出一些空间，因为可能真的是自己错了；就算自己是绝对正确的，也应该按照自己的方式做得谦虚一点儿。

◇多为他人考虑

如果总是在做某些事情的时候觉得非常的烦恼，就应该试着尽量去为他人做一些力所能及的事情。这个时候就会发觉，这样可以把一个人的烦恼全部转化成精力，还会让自己产生一种做了好事的满足感。

◇尽量做事情，但不强求

有些人可能会对自己有着非常高的期望值，因此他常常会处在一种忧虑和担心的情绪之中。因为他们怕不能达到目标或不能做到完美。这一原则虽然有可取之处，但却容易因此走向失败的歧途。没有谁可以把任何事都做到完美无缺。所以在做事情之前，首先要判断哪些事是自己可以做成的，然后再把主要精力放在这上面，尽自己最大的努力去完成。实在做不到时，也不要过分强求。

◇一次只完成一件事

当一个人处于高度紧张状态的时候，甚至会连最基本的工作量都没有办法去承担。因为当工作过于繁重的时候，会让其中任何一个部分都变得非常痛苦—即便是那些特别需要去完成的事情也是这样。一个最为简便易行的方法就是，先去完成最为要紧的事情，然后再将所有精力都投入到这件事上，其他的事情先暂且搁到一边。当做好这件事时，就会发觉一切并不是那么"可怕"。当做好这些事后，其他事情做起来也会容易得多。

◇对待他人要宽容

有的人也许会对别人有着过高的期望，当别人没有达到他们的期望值时，他们就会觉得失望、灰心。这种失望实际上也是对自己的一种否定。因此，人们不应过分地去苛求别人，而是应该努力地去发现他人的优点，并帮助他们发挥优势。这不仅能让自己获得成就感，也可以重新对自己有一个更为客观的评价。

◇让自己变成一个"有用"的人

很多人都会有一种"被忽视"的感觉，在这个时候他们就会觉得自己不被人们所重视，被晾到一边。其实真实情况仅仅是他们自己的一种想象，此时别人正渴望自己率先做出一番友好的举动。可以说，此时看不起自己的不是别人，正是本人。所以不要逃避，不要退缩，而是应该努力地把自己变得更有价值—做出一些积极主动的表现，而不是只等着别人向自己提出要求。

弗洛伊德曾经说过："我们的工作进展愈远，我们对神经病患者精神生活的认识和研究愈深，就能愈清楚地感觉到两个新因素，迫使我们密切地注意到它们就是抵抗的来源。这两个新因素，都能包括在'我需要得病'或'我需要受苦'的表述中，这两个新因素的头一个诱因就是紧张感。"正因如此，人们需要控制自己的紧张情绪，从而在情绪将要爆发或是已经爆发时能够及时发现并予以制止，也就保证了自己的良好心态。

通过几种有效的控制和调整紧张情绪的途径，有效地将情绪控制在有限度的范围内，从而有利于人们保持日常生活的积极性和创造力，为自己的未来打下坚实的基础。

第三节　怎样处理愤怒的情绪

对于生活中的每个人来说，动怒都是难免的。从心理学角度来说，愤怒是一种情绪，不同的人会有不同的表现方式。有些人容易激动，一旦遇到不顺心的事就会发火；有的人会把愤怒全部压在心底；也有的人在受气之后，跑到别处去发泄。愤怒如同是压力锅中的蒸汽，不释放出来就会不停地积累，直至最后发生爆炸。正因为如此，消除愤怒、缓解压抑情绪是对身心健康十分有意义的事情。

正确应对愤怒

从前有位富有的寡妇，在社交圈内以乐善好施闻名，她有一个忠实又勤劳的女仆。一天，女仆心血来潮，想试探她主人的慈悲善举，是否是发自内心的真诚，或只是上流社会虚有其表的伪装。

连续两天，女仆近中午才起床，女主人盛怒，对女仆施以鞭笞她。这事传遍邻里街坊，富有的寡妇不但声誉大跌，而且失去了一名忠仆。

愤怒加上情绪的煽动，会燃烧得更为炽热。在盛怒的当下，人会失去理智，最终伤人伤己。

对于每一个人来说，愤怒是一种最无力的情绪，也是最具破坏性的情绪。许多人都会在愤怒情绪中做出使自己后悔不已的事情来，因此，应该采取一些积极有效的措施来加以控制。

在生气的时候，可以考虑以下 5 个问题：

◎你是否真心认为自己已经痛改前非？

◎脾气暴发前的征兆是什么？

◎能不能让自己快速消气？

◎是什么原因激怒了你？

◎遇到冲突时的最佳解决方式是什么？

在思考了这些问题之后，再去考虑如何消除这种愤怒情绪。

本杰明·富兰克林曾经说过："愤怒从来都不会没有原因。"因此愤怒本身只是一个人情绪冰山中小小的一角，它不会是单独存在的，而是被其他的情绪所引发，如怨恨、不安或者是害怕。所以愤怒不可避免，此时应做的就是有效地抑制这种不良情绪，同时还要找到引发自己产生愤怒情绪的源头，尽可能地消除这些情绪，从而消除愤怒所带来的消极影响。

具体来说，在产生愤怒情绪时，人们可以采用下列方法进行有效的抑制。

调动自己的理智，控制自己的情绪

当一个人遇到较强的情绪刺激时，首先要做的就是强迫自己冷静下来，同时对整个事情的前因后果迅速地做出判断，再采取"缓兵之计"来表达情绪或是消除冲动，尽量不要让自己陷入简单轻率、冲动鲁莽的被动境地。比如，突然被别人讽刺或嘲笑的时候，如果此时显现出暴怒的本色，反唇相讥，则很可能引起双方的争执，心中的怒火就会越来越旺，这样的结局自然弊大于利。但如果此时能提醒自己冷静下来，采取理智的对策，并用沉默为武器来表示抗议，或只用寥寥数语正面表达自己的感受，提醒对方的无理取闹，对方反而会感到尴尬。如此一来，自己的愤怒自然会消减，愤怒情绪也会得到有效疏导，从而平复自己心灵的创伤。

通过暗示、转移注意力的方法来消除愤怒

根据现代生理学的研究，人在遇到令人恼怒、不满、伤心的情形的时候，不愉快的信息会传递到大脑，形成神经系统的暂时性联系，进而形成一个优势中心，而且逐渐巩固，日益加重。但如果马上转移思路，想高兴的事，向大脑传送愉快的信息，则会建立愉快的兴奋中心，就会有效地抵御、避免不良情绪。

那些让自己非常愤怒的事情，一般都是触动了自己切身利益或者是尊严的事情，想要很快冷静下来是比较困难的。所以察觉到自己的情绪非常激动，马上就要无法控制的时候，可以及时采取自我暗示、转移注意力等方法来实现自我放松，鼓励自己来克制这种愤怒的情绪。比如，可以用言语来暗示自己，如"过一会儿再来应付这件事，没什么大不了的""不要做冲动的牺牲品"等，也可以做一些其他简单的事情，或者到一个相对安静平和的环境之中，这些都是有效抑制愤怒情绪的方法。

在逐步冷静下来之后，思考有没有更好的解决方法

不论是在工作还是在生活之中，在产生愤怒情绪的时候，不可以只是一味去回避这个问题，还必须学会处理这种由矛盾而产生愤怒的方法。一般需要逐步思考以下问题：

◎冲突的主要原因是什么？

◎矛盾分歧的关键点在哪里？

◎解决问题的方式可能有哪些？

◎哪些解决方式是冲突一方难以接受的？

◎哪些解决方式是冲突双方都能接受的？

在思考这些问题的时候，可以从中找出最佳的解决方式，并采取适当的行动来化解矛盾和冲突，同时还可以积累抑制愤怒的经验。

平时多进行一些抑制愤怒的针对性训练，对自己的耐性进行培养

平时可以结合自己的业余兴趣、爱好，选择几项需要耐心、细心和静心的事情来做，如瑜伽、游泳、阅读等，不仅陶冶性情，还可以丰富自己的业余生活。

总的来说，学会管理和调控自己的情绪，是一个人走向成熟、迈向成功人生的重要基础。在产生愤怒情绪的时候，通过上述方法可以有效地缓解因愤怒对身体造成的伤害，这也就可以实现对自己负面情绪的有效抑制，从而实现自己不断向前的梦想。

第四节　如何克服恐惧的情绪

恐惧，是一种人类及生物的心理活动状态，是情绪的一种。恐惧是因为周围有不可预料、不可确定的因素而导致的无所适从的心理或生理的一种强烈反应，是一种只有人与生物才有的特殊现象。

被自己吓死的战俘

在第二次世界大战时期，德国科学家为了执行希特勒的命令，做了一项惨无人道的心理实验。

他们找了一位俘虏，然后告诉他将在他身上做一项生理实验，就是在他的手腕上划一个口子，然后观察他身上的血一滴一滴地流光的生理反应。

这些德国士兵把这名战俘绑在实验台上，用黑布蒙上他的眼睛，然后用一块很薄的冰块在他的手腕上划了一下。同时科学家在他的手腕上放置了一个吊瓶，吊瓶里的水温跟人体血液的温度近似，吊瓶管子的一端，放在这个战俘的手腕上方，于是水就从他的手腕慢慢地流下来。在他的下方，科学家放了一个铁桶，当这个战俘听着"滴答"、"滴答"的水声的时候，他就以为自己的血在往外流了。当然，他的手腕并没有被划破，但是他以为被划破了。

过了一个小时，这个战俘真的死了，而且死去的反应跟失血而死的人一模一样。因为他相信自己失血过多，于是就被自己吓死了。

在严峻的现实和激烈的竞争面前，很多人在未行动前便败给了自己，因为他们恐惧失败比相信成功更强烈。每件事情的结果都有两种：成功，或者失败。相信哪个，哪个便可能成为事实。

最大的耻辱是恐惧生命

一个平凡的上班族麦克·英泰尔，37岁那年做了一个疯狂的决定，放弃他薪水优厚的记者工作，把身上仅有的3块多美元捐给街角的流浪汉，只带了干净的内衣裤，从阳光明媚的加州出发，靠搭便车与陌生人的仁慈，横越美国。

他的目的地是美国东海岸北卡罗来纳州的恐怖角。

这只是他精神快崩溃时做的一个仓促决定。某个午后他忽然哭了，因为他问了自己一个问题：如果有人通知我今天死期到了，我会后悔吗？答案竟是肯定。虽然他有不错的工作，有美丽的女友，有至亲好友，但他发现自己这辈子从来没有下过什么赌注，平顺的人生没有高峰或谷底。

他为自己懦弱的前半生而哭。

一念之间，他选择了北卡罗来纳州的恐怖角作为最终目的地，借以象征他征服生命中所有恐惧的决心。

他检讨自己，很诚实地为自己的恐惧开出一张清单：从小时候他就怕保姆、怕邮差、怕鸟、怕猫、怕蛇、怕蝙蝠、怕黑暗、怕大海、怕城市、怕荒野、怕热闹又怕孤独、怕失败又怕成功、怕精神崩溃……他无所不怕，却似乎"英勇"地当了记者。

这个懦弱的37岁男人上路前竟还接到老奶奶的纸条："你一定会在路上被人抢劫。"但他成功了，6400多千米路，78顿餐，仰赖82个陌生人的仁慈。

没有接受过任何金钱的馈赠，在雷雨交加中睡在潮湿的睡袋里；也有几个像公路分尸案的杀手或抢匪的家伙使他心惊胆战；在游民之家靠打工换取住宿；住过几个陌生的家庭；碰到过患有精神疾病的好心人。他终于来到恐怖角，接到女友寄给他的提款卡，他看见那个包裹时恨不得跳上柜台拥抱邮局职员。

他不是为了证明金钱无用，只是用这种正常人难以忍受的艰辛旅程来使自己面对所有恐惧。

恐怖角到了，但恐怖角并不恐怖。原来"恐怖角"这个名称，是由一位16世纪的探险家取的，本来叫"Cape Faire"，被讹写为"Cape Fear"。只是一个失误。

麦克·英泰尔终于明白："这名字的不当，就像我自己的恐惧一样。我现在明白自己一直害怕做错事，我最大的耻辱不是恐惧死亡，而是恐惧生命。"

被这恐惧心理所控制、折磨，是极其不幸的人生，但这却是这个世界的产物。只要这个世界上还存着令人惊恐的事物，只要人类的心灵还有弱点，恐惧就不会灭绝。

恐惧大致有两种，一种是恐惧症患者，另一种则是被迫害型。前者很常见，比如有人看到甲虫就浑身不自在，看到纽扣就直打哆嗦；还有的人对周遭的事物总是心怀恐惧、非常忧虑。根据心理学家分析，这种恐惧症多半是由早期经验造成的，一般来说不是太可怕。

比较可怕的是社会性的恐惧症。比如有人总有种被追杀的感觉，生活处于某种极度惊恐状态。为了逃避这种恐惧，他只好从一个地方搬到另一个地方，但总是摆脱不了阴影。每到一处他先是隐姓埋名，害怕别人知道他，但不久就会对周围的人和事起疑心，接着继续搬迁。

至于被迫害型的恐惧人生，多半是由长期的被迫害生活造成的，个人不能从过去记忆的阴影中走出来，或者形成了某种固定的心理反应模式，所以一直疑神疑鬼，把一切都看成是对自己迫害的实施者。

社会性的恐惧心理

鲁迅在《狂人日记》中讲述了一个典型的被迫害型的人生。由于他对"人吃人"现象印象太深了，所以把生活中的一切现象都归结为"吃人"，由此形成一种可摆脱的恐惧感，害怕别人来吃他。

有一位生于20世纪50年代的教师，也属于这种类型。由于在历次政治运动中受到迫害，而且个人生活也一直不如意，因此他形成了一种受迫害心理，总是觉得别人在继续整他的黑材料，并跟踪监视他。有时候，他的头脑还会产生幻觉，把某某人误认为是自己的迫害者，而他自己的举止言谈更是难以摆脱被迫害的话题。

实际上，这种社会性的恐惧心理，在很多人身上都有表现，只不过比较轻微罢了。例如有的人经历过多次政治运动，思想和行为变得过分敏感和小心翼翼起来，看到别人交头接耳，心里就不禁担忧起来，稍有政治上的风吹草动，就赶紧躲起来，或者到处打听消息，大有飞鸟惊弓之态。毫无疑问，这也是恐惧的一种，并不亚于杞人忧天之类。

由于引起恐惧的对象不同，具体遇到的情况也不尽相同，所以消除恐惧的方法也必然因人而异、因事而异。正因为如此，想要找到一种适合所有人的方法是不可能的。但是，既然恐惧情绪是受到客观刺激而产生的反应，那么就必须通过对客观认识的训练和重新调整来对它进行控制。因此，可以从以下几方面来尝试：

◇回避那些可怕的情景

在遇到能够引起恐惧的景物时，要尽量避开或排除，这样恐惧的情绪很快会缓和下来。

◇学习有关理论知识

人对于某些事物产生恐惧心理，是因为缺乏相关方面的理论知识，不明白这些事物或现象产生的原理，如打雷、闪电等自然现象。当了解到这就是一种自然界的正常现象之后，恐惧情绪自然就会有所缓解。

◇习惯一些可怕的情景

人们对于自己恐惧的事物，通常不敢去接触它们，但是想要克服恐惧情绪就必须要敢于去碰它们、接触它们。当对那些事物都习以为常的时候，就会知道它们也"不过如此"，也就不怕了。如许多人都怕黑，在黑暗的环境里进行适应性训练，久而久之就不再怕黑了。

◇多进行一些强化训练来刺激感官

通过自己主动、积极地去接触恐惧的东西，也可以达到消除恐惧的目的。例如，如果害怕在众人面前发言，那么以后在遇到类似场合的时候就不要退缩，积极主动地去演讲，磨炼自己的意志，提高自己的能力。久而久之，恐惧情绪自然就会得到有效控制。

可以说，人类的大多数恐惧情绪是在后天获得的。因此，只要能够积极寻找克服恐惧的方法并时常进行相应的练习，就可以有效控制自己的恐惧情绪，让自己在各种可能会引起自己恐慌的情境下灵活应对。

第五节　怎样面对怨恨的情绪

一个人对某件事情产生不满或是某件事情威胁到了自己的利益时，就容易产生怨的心理，进而对造成这件事的人或事物产生极端的厌恶，并由此演变为恨，这便是怨恨。

和喜怒哀乐一样，怨恨也是人的一种情绪。

隐藏在人心中的怨恨，一旦积怨已久就会产生各种各样的疾病。因此当生活中出现一些不愉快的时候，一定要保持冷静，学会宽容和理解，避免产生所谓的怨恨情绪，以免影响自己的身心健康。

太多的怨恨有损健康

英国有一位阔太太，她衣食无忧，却每天生活在怨恨和愤怒之中。先是因为丈夫在外面忙于生意而怨恨，后来又因为儿子不听管教而愤怒，因为这样的怨恨在她体内积聚得过多，她得了癌症。此后医生一直劝告她不要再生气，但她却一直不能改变这种情绪状态，最终导致她第三次确诊癌症。她通过手术将肿瘤切掉了，但她对自己的痛苦还是放不下。对于她来说，让医生把肿瘤切掉，比学会原谅要更加容易一些。最终，她还是在不断的埋怨中去世了，至死她也不明白是什么原因让自己早亡。

当怨恨聚集在体内的时候，通常会相对集中于身体的某一个部位，然后在体内沸腾并开始肆无忌惮地吞噬人的健康，最后导致病变的产生。因此，积聚在体内的怨恨对人的身体健康是不利的，必须在适当的时间将其排解出来。

面对羞辱不恨不怨

林肯出身于一个鞋匠家庭，没有任何贵族血统，而当时的美国社会是非常看重门第的。竞选总统前夕，一个参议员为了让林肯退出竞选，故意羞辱他："林肯先生，在你开始演讲之前，我希望你记住，你是一个鞋匠的儿子"。

面对他人的羞辱，林肯没有恼羞成怒、愤然失态，而是自豪而又谦卑地解释说："我非常感谢你使我想起我的父亲，他已经去世了。但我一定会记住你的忠告，我知道我做总统无法做得像我父亲做鞋匠那么好。据我所知，我父亲以前也为你的家人做过鞋子，如果你的鞋子不合脚，我可以帮你修改。虽然我不是鞋匠，但我跟父亲学到了做鞋子的技术。"接着，林肯又对所有的议员说："对参议院的任何人都一样，如果你们穿的鞋是我父亲做的，而它们需要修理或改善，我一定尽可能帮忙。但是，有一件事是肯定的，我无法比我父亲修得好，他的手艺是无人能及的。"说到这里，林肯流下了热泪。面对林肯的真诚，所有的嘲笑都化为热烈的掌声。

作为一个出身卑微的人，林肯之所以能够取得成功，固然与他深远的政治眼光、超强的组织能力有关，而他海纳百川、兼收并蓄的博大胸怀，无疑也起到了重要的作用。

在人的情绪中，怨恨或仇恨，是最为强烈的一种负面情绪，也是最可怕的一种意念，这种情绪或意念，就像是一种"导向"，常常将人们导向不可测度的痛苦深渊，不只毁灭了自己，也毁灭了别人！

怨恨的可怕

有一天，一个商人在路上不小心被牛撞死了。牛的主人担心留下这头牛，以后将带给他更多的麻烦，因此就贱价将牛出售。

牛的新主人买牛回家，走到半途中，来到一河边，想让牛饮水。那头牛不但不饮水，反而凶性大发，又把新主人撞死了。新牛主的家人知道后不禁勃然大怒，立刻将这头牛杀死，然后挑到市场贩售。有一个农夫，贪着便宜，买下了牛头。用绳子系着牛角担回家，半途中，因天气炎热，就将牛头挂在树枝上，然后坐在树下休息。哪知正休息时，系牛头的绳子不知何故突然断裂，牛头从树枝上掉落，刚好砸在农失的头上。可怜的农夫，当场被砸得伤重而死。

一头牛，在一天之中，竟然害死三个人，这件不寻常的事故，惹得大家不禁纷纷议论着。后来消息也传到了频婆娑罗王耳中，他也觉得不可思议，认为其中必有缘故，因此亲自前往请教佛陀。

佛陀解释说，过去曾有三个商人，相约到外地做生意，为了省钱不住旅馆，特地到一个老妇人家借住。本来双方约定，要付老妇人租金，但到了第二天，这三个商人趁着老妇人外出时，竟偷偷溜走了，等老妇人回来后，发觉了，非常愤怒，就追上去，要向他们索取欠款。

三个商人因担负着沉重的行李，所以在不远的地方就被老妇人给追上了。可是这三个商人以为她年老可欺，不只赖账不还，还用恶言恶语侮辱她。

老妇人对他们无可奈何，只得愤恨的对他们说："你们这些无赖汉，欺负我年老孤单，你们以后一定会有报应的，今生我虽然奈何不了你们，等来生无论是否为人，我一定要报复，要杀害你们，以泄我心头的愤恨！"

佛陀继续说道："那头凶牛，就是这老妇人的后世，而同日因牛而死的三个人，就是欺负老妇人的那三个商人！"

这个神话般的故事揭示了怨恨的可怕。三个商人的行径，固然可恶，但还不至于遭受杀身之祸的报应，而老妇人可怕的怨恨心，就像个毒咒。因为怨恨，彼此注定了，将展开一场长期而难以止息的"冤冤相报"悲剧，而在这场悲剧中，注定了没有人是赢家，因为怨恨的毒咒，一方咒向了别人，另一方也咒向了自己！

消除怨恨的方法

那么在生活中，人们应该如何消除怨恨情绪呢？

◇认识怨恨的危害

对于怨恨者来说，长时间的怨恨会让自己失去欢乐，严重损害自身的健康。要知道，怀有怨恨情绪，受害者往往不是被怨恨的人，而是怨恨者自己。

◇对于怨恨的客观存在要正视

许多人往往会把怨恨隐藏在心底，从来不愿意公开承认自己曾经或者是正在怨恨别人。但这种怨恨是客观存在的，它实际上损伤着人们的情感。正视怨恨的客观存在，就等于强迫自己承认这种客观存在性。在对灵魂进行一次彻底的手术之后，才能根除怨恨这种心病。

◇要以宽恕之心对待别人

对于常怀怨恨的人而言，去除怨恨的最佳方式就是抱有一颗宽恕的心。要做到对待别人宽恕，就要将错事和做错事的人进行明确区分。在此基础上再分析这些被怨恨者的缺点和长处，以及他们做错事的具体条件，同时能够体谅那些做错事的人的处境。一个真正懂得宽容的人，其原则就是宽容错事，并且不抱怨做错事的人。只要你宽恕了，怨恨也就会随之消弭。

综上，我们应该谨记，怨恨并不能让人们的生命更加精彩，只有敞开心扉，用自己的包容体谅别人，一个人才不会因为怨恨而导致各类疾病。也只有如此，才可以用百倍的努力去迎接人生的下一次挑战，实现精彩的人生传奇。

第六节 "装"出来的好情绪

心情是指无特定、能够广泛影响认知和行为的一种情感状态。一般而言，心情会受到外在环境以及实物或药品的影响。而对于一般人来说，时刻都想拥有一个好心情，但工作和生活中难免会有一些挫折和不顺，这时候原来的好心情就会消失得无影无踪。殊不知，这个时候最需要的是给自己一种暗示，也就是虚拟自己有好心情，在这个过程中，好心情也就随之而来了。

假喜真乐

美国著名的心理学家霍特曾经举过这样一个例子：

有一天他的好友弗雷德明显感觉到自己的意志非常消沉。平时，弗雷德应付情绪低落的办法就是将自己关在一间小房子里，不会见任何客人，直到这种低落的情绪彻底消失为止。但这一天他因为要和领导召开一个特别重要的会议，于是他决定装出一副快乐的样子。就在这次会议上，弗雷德装成心情愉快又和蔼可亲的样子，他笑容可掬而且谈笑风生。

结果，神奇的事情发生了：他发现自己在假装拥有快乐的心情之后不久，自己真的不再抑郁不振了。

也许弗雷德并不清楚，他在无意间采用了心理学研究方面的一项新研

究出的重要原理：当一个人装作有某种心情的时候，往往能够帮助这个人真的获得这样一种感受——在困境中较有自信心，在事情不如意时较为快乐。

心理学上有一种专业名词，叫作"假喜真干"，就是假装自己非常喜欢，并且为之付出实际的行动。卡耐基也曾经提出："假如你'假装'对工作感兴趣，这态度往往就使你的兴趣变成真的。这种态度还能减少疲劳、紧张和忧虑。"

在假装的快乐中实现自我价值

有一位办公室助理，她的工作就是要处理烦琐的书信和公司来往的文件，同时她还要负责打印和抄写工作，工作非常枯燥，时常累得精疲力竭。在经过长时间的学习之后，她开始转变自己的思考方式："这是我的一项工作，公司待我也非常好，我应该把这项工作做得更好一点儿。"在这种意识的驱使之下，她决定假装自己喜欢这项其实很讨厌的工作。

从那之后，她发现一个惊人的事实：在自己假装自己很快乐，不再认为这项工作是枯燥、乏味、令人厌烦的之后，自己竟然真的每天都能开开心心地上班，并且自己真的有点儿喜欢这份工作了。久而久之，这种喜欢就转化为热爱，成了生活中的必要组成部分。

与此同时，一旦真正热爱自己的工作之后，做起工作来也更有效率。由于她工作非常认真，很快就被提升了。现在她总是能够高高兴兴地去超额完成任务，而这种心态的改变所产生的力量，正是她最为重要的发现，这也成为她向上发展的动力。

从这名助理的成长经历可以看出，她正是在这种假装快乐中实现了自己的人生价值。她无意间的一个思考方式，正是心理学中的那个重要的原理：扮演一个角色会帮助人们体验到他所希望体验到的情绪—在情况捉摸不定时，要更加自信；在事情搞糟了的时候，要更加快乐。正是这种心理的暗示让她爱上了自己的工作，也是这样一种装出来的工作态度，让她实现了自己的梦想和价值。由此可以看出，即使是装出来的热情，也同样能够激发人们的工作积极性，装出来的快乐，也的确可以让人快乐。

心理学家们在经过几十年的研究后得出结论：除非人们能够有意识地去改变自己的情绪，否则他们的行为通常不会进行改变。对于刚刚出生的婴儿，人们的通常做法就是逗他开心，说："来，笑一笑。"结果孩子就笑了笑，在这之后，人们也就跟着开心起来了。

正是因为情绪的改变而使行为也发生了改变，所以当一个人装作有好心情的时候，好心情也会随之而来。

美国著名心理学家艾克曼就曾经做过一项实验，在这项实验之中，一个人总是想象着自己已经进入到了某种特定的情境之中时，他就会感受到某种情绪，结果这种情绪十之八九真会到来。而同样的道理，一个故意装作愤怒的实验者，由于这个"角色"的影响，他的心率和体温就会随之上升，愤怒情绪也就随之而来了。心理研究的这个新发现可以帮助人们有效地摆脱坏心情，办法就是"心临美境"。也就是人们所说的，好心情是可以"装"出来的。

当一个人烦恼的时候，可以通过多回忆一些过去的快乐时光来消除烦恼，还可以用微笑来鼓励自己。当然，在装快乐的同时要尽量多做一些快乐的事情。除此之外，还可以通过高声朗读来帮助自己消除不愉快的情绪，在大声朗读的时候要表情丰富，且要选择能振奋精神而非忧郁的作品。曾经有一项心理调查研究显示：那些心情烦恼的人在带着表情高声朗读之后，他们的情绪会发生很大的改变。

对于每一个人来说，好心情就是一种正能量。而要想拥有一种好心情，就要利用有意识的动作来改变自己的心情，利用心情来改变自己的行为，这是帮助人们实现正能量的有效方法。所以不妨在心情不好的时候去装一下好心情，正如英国作家艾略特所说的："行为可以改变人生，正如人生应该决定行为一样。"如果能够遵照这种方法去做的话，就能获得更加充实和快乐的生活。

第七节　控制情绪"七步"走

情绪存在于每个人心中，而且在不同时期、不同场合会产生奇妙的效果。它有时会让人冷静，有时会让人冲动；它会使人们精神焕发，也会使人们萎靡不振；它有时让人们觉得生活充满了甜蜜和幸福，有时又会让人们感觉生活是那么无味而沉闷、抑郁和痛苦；甚至它有时会让人们理智地去思考，有时也会让人们失去控制地暴跳如雷。面对这些变化莫测的情绪，人们需要及时掌握自己的情绪并学会对不良情绪进行适当的控制，这就需要掌握情绪控制的七大理念。

把热心作为自己的常态

受到积极情绪的影响，一个人就会产生积极的行动，这是因为情绪是具备感染力的。按照心理学家的说法，大多数人都让自身状况控制了他们的情绪，而不是用自己的情绪去控制状况。当自身状况好的时候，他们就会产生好的情绪；一旦自身状况不好，他们的情绪也就随之受到影响。可以说，这是一种错误的做法。人们应该做的是保证情绪的积极、稳定和可操控性—有良好状况的时候，人的情绪是良好的；状况不好的时候，人的情绪也应是良好的。

正因为如此，不论做任何事情，都应该热心地去对待。当自己热心时，就会获得更多的乐趣，还可能取得更大的成就，经济状况也会逐渐改善。同时个人的交际圈也会随之不断扩大，自己未来的发展将会更加顺利。

及时清理情绪垃圾

生活中到处都需要垃圾桶：街角路边需要各种各样的垃圾桶，厨房里需要装菜根烂叶的垃圾桶，就连电脑里也需要有个回收站，帮助人们及时处理各种看得见的垃圾。

垃圾的含义是广泛的，其中就有一种潜藏在人们内心深处的、看不见的垃圾，那就是情绪垃圾。比如很多人会莫名其妙的心慌、头痛、胸闷，全身都不舒服。但是经过诊断，这些不舒服却不是人体器质上的变化，而是心理和精神上的，而精神又是因为受到消极思想的影响。比如焦虑、失望、恐惧、不满和嫉妒等，这些都属于灰色情绪，即情绪垃圾。

如不及时清理，日积月累，情绪垃圾就会填满内心，并开始发作，要么引起情绪大爆发，导致失眠、失控、崩溃、抑郁，甚至自杀等，要么引发症状，甚至闹出大病来，要么感觉生活没激情，对事业没兴趣，最终一事无成。

所以对于这种情绪垃圾，一定要给自己建立一个情绪垃圾桶，随时随地把煎熬、失望、恐惧、紧张、不满和嫉妒等丢进去。这样，内心就能轻松起来，从而保持一种良好的心境，让正能量真正发挥效能。

战胜自卑情绪

诺贝尔化学奖获得者、法国科学家维克多·格林尼亚是从自卑走向成功的典型。

格林尼亚生于一个富翁家庭，他年轻时游手好闲、摆阔逞强、盛气凌人。仗着自己长相英俊、家境富裕，他挥金如土，过着纸醉金迷的生活。

在一次舞会上，他对一位巴黎的女伯爵一见倾心，像往常一样追上前去，却只得到一句回答："请离我远一点儿，我最讨厌被花花公子挡住视线！"女伯爵的冷漠和嘲讽，深深地刺痛了他的心。恍然间他反省自己，发现自己果然一无是处。在自卑的阴影笼罩下，他悲愤地离家出走，孤身一人来到里昂。在那里，他发奋求学，进入里昂大学读书，并拒绝一切社交活动，整日泡在实验室和图书馆里。这使他赢得了有机化学权威菲利普·巴尔教授的器重。在自己长期的努力和名师的指导之下，他发明了"格式试剂"，并发表了 200 余篇学术论文，被瑞典皇家科学院授予1912 年度诺贝尔化学奖。

被自卑感折磨的人要认真思考，自卑如果能被超越，就会化为人们成功的动力。只要调整自己的心态，把自卑化为发奋的动力，就可以走向成功和卓越。

消除对立情绪，驱散负面情绪

有人说，帮助那些对自己不好的人，会产生意想不到的效果。喜欢上对手，可以解除他们的武装。确实如此，在别人意想不到时帮助他们，将会得到令人惊喜的反馈。别人对于宽容，会铭记于心并在恰当的时候表现出他们的感谢。人们可以试着去付出自己的爱心，消除那些因矛盾产生的对立情绪。

消极的人碰到问题时，会想起过去是如何处理此类问题的，并预言当前的问题会失败，而积极的人碰到问题时，会想起过去如何成功地解决过更棘手的问题，掌握一些技巧和成功的例子，并使自己相信可以很轻松地解决这个问题。因此人们应该用积极的心态去面对所要处理的事情，在将内心的负面情绪驱散之后，展现在面前的将是一条精彩的人生大道。

积极行动

有思想才有行动，因此每个人应提前做好规划以便执行。养成积极计划的好习惯，对自我发展十分有利。因为你播种行动，就会收获习惯；播种习惯，就会收获个性；播种个性，就会收获命运。原因很简单：逻辑不能改变情绪，但行动可以改变它。

通过这七种理念，人们可以实现对情绪的有效控制，在与不良情绪进行斗争的过程中，能够熟练运用这样的正向能量，帮助人们实现对自我的有效调节，让自己时刻保持一种积极向上的心态和情绪，从而为事业的成功准备良好的条件。

第八节 再痛苦，也不能
压抑自己的情绪

压抑指的是一个人把一些不被自身所接纳的冲动、念头等无意识地进行抑制，或者是将痛苦的记忆主动排除在记忆之外，从而免受动机冲突、紧张及焦虑等情绪的影响。在这种消极情绪的影响下，人们易产生抑郁。

压抑的产生既有外在因素，又有内在因素。

身处的环境可能严重束缚并压制一个人，而个人也可能因为曾有过的失败而不再自信。对待这个问题，存在主义哲学家认为，人每时每刻都有自由选择的权力。

压抑自己的心情，就要思考到底是什么事压抑着自己呢？压抑是现代人面临的共同困境。人们在生活的洪流中拼搏，有成功也有失败。失败导致沮丧，而沮丧则可能导致压抑。即使是成功了，但因为惧怕未来的失败，成功者也可能压抑自己，使自己成为成功的奴隶。常听人说："活得真累啊！"这便是压抑的表现。当人陶醉在童年故事之中，而不敢在现实生活中放声大笑时，这也是压抑。

小欣在成都读书，她的父母在她四岁的时候就去世了。她很自卑，常常沉默。她帮助别人，但是别人还是对她不满，有人甚至攻击她，说她太骄傲，以自大掩饰自卑。其实熟悉她的人都知道，她不是骄傲，她只是不善于交流，不善于表达。

每个人性格不同，不应该强求每个人都大方和开朗，但是多和朋友相聚，进行交流，对自己是有好处的。大家在一起学习和生活，经常谈谈心得，千万不要因为自己某方面的困难就自卑，心理上遇到了"心结"，应多向自己最信任的人倾诉。

走出自己的心灵小屋

北京某大学的"爱心家教"里的一个女生在诉说自己求学的经历时这样说："我出生在一个小康之家。但是在 15 岁时，父亲因车祸去世。家庭的变故让环境产生了巨大的反差，我从'小公主'沦落为'灰姑娘'，变得沉默寡言，对外界始终抱着戒备之心，不愿和外界交流。母亲为了让我今后有个好出路，坚持让我考大学。经过三次高考，我才如愿跨进了大学校门。我是大学里的生活困难学生：没有手机，没有漂亮衣服，不能请人吃喝。因为我没有钱，很难融入他们的生活中去。平时我从不主动与同学交流，上课时永远都坐在同学们远离的第一排，永远板着脸。找出各种理由拒绝参加花钱的集体活动。直到有一次，有一个女生毫不理会我的脸色，主动关心我。她对我说：'虽然你外表冷漠如冰，但内心却有火一样的热情，你需要友情来中和冰与火。'这个女生的话一下就摧垮了我的心灵堡垒。从此，我们成了无话不说的好朋友，而且我更积极地和更多人交流。从此，我走出自己的心灵小屋。重新感受到了这个世界的温暖。"

北京某大学的一位教授说："我就是从农村来的'苦孩子'。

不要认为生活苦难是负担，更不应该认为那是心理负担而封闭自己。如果总是不能接纳现实，老是逃避交流，也不利于自己的发展。交流和沟通有时是需要勇气的。"

交流和沟通应该是主动积极的，要把它看成生活中不可缺少的一部分，而不是自己在那里随意发牢骚。当一个人觉得心里郁闷、焦虑，千万别憋在心里，反而应积极投入，带着真心、诚心、善心、宽容的积极心态去和人交流，学会主动问候、认真倾听，常说"我们"，学会欣赏。尽量多参加集体活动，扩大交友圈子。其实，这并不难，就看你肯不肯迈出第一步了。

找到宣泄情绪的方式

心理学家认为，宣泄是人的一种正常的心理和生理需要。你悲伤忧郁时，不妨与朋友倾诉；也可以通过热线电话等向主持人和听众倾诉；更可以进行一项你所喜欢的运动；或在空旷的原野上大声喊叫，既能呼吸新鲜空气，又能宣泄积郁。

张鹏人缘极好，从没跟别人生过气。马海涛感到很好奇，就问他："你怎么从来不生气？从来没见你发牢骚，你是怎么'修炼'的啊？"

张鹏说："我也是正常的人，怎么可能不生气呢？只不过我不表现出来罢了。"

马海涛说："那还不把人憋死。"

张鹏说："我住的地方后面有一片树林，当自己心情不好或是受了委屈、遇到挫折想要发脾气时，我就会跑到树林里，狠狠地用手掌打树干，等手打疼了，我的不快、怨气也就没了！"

张鹏就是一个很有生活智慧的人，他知道一味地压抑不但不能解决问题，反而还会造成自己身心不健康；他更知道，在现代社会中，人与人的关系这么微妙，又怎么能随便发泄？所以，就自己想办法来疏解自己的精神压力了。

人们将抑郁称之为被压制的愤怒，它产生于一个人"不应该愤怒"的感觉之中。就像有的人觉得不应该对父母、伴侣、好朋友或是公司的员工发火一样。但是，如果此时人的情绪已经达到了无比愤怒的地步，便会深陷其中，从而将愤怒变成了抑郁。对于许多人来说，抑郁情绪是非常痛苦的，一旦这种抑郁积累过多就会形成一种慢性抑郁，当人们已经感到抑郁的时候，它已经很难摆脱了，此时所做的一切努力都会让人们感到失望。

正因为抑郁会有如此严重的后果，所以人们必须学会调整这种压抑的情绪，从而降低抑郁发生的概率。因此不管自己正处于一种什么样的精神状态，就算在洗盘子的时候，也可以鼓励自己，将心中的抑郁情绪消散。同样的道理，如果希望自己的心情能够更好一些的话，就应该将心中的灰尘清除掉。

当然，最好的办法就是允许自己表现出自己的情绪，不用压抑，通过情绪的释放来缓解抑郁。

对于那些因为压抑情绪而导致抑郁的人们来说，心理治疗师的意见是发泄情绪的重要渠道，至少一个星期内发泄一次，可以是大声呼喊，也可以是敲打自己的床。通过这样一种方式可以很好地缓解个人的心理压力。其实压抑与其他情绪一样，维持的时间比较短暂，有时可能只有几分钟而已，所以在压抑情绪出现的那刻起就应该想办法进行疏导。

美国著名作家伊丽莎白·库柏勒罗斯有一个非常好的练习，她将这个练习称之为"表现出来"。她让实验者找来一本厚厚的电话本和一段胶皮管，然后用胶皮管不断地去打电话本，从而将实验者的各种情绪表现出来。对于这个实验，伊丽莎白说："当实验者开始释放出愤怒的时候，可能会觉得不自然，但这是非常正常的现象。在发泄了自己的压抑情绪之后，就会发现自己的心情舒畅了许多。"

对于那些因为压抑导致抑郁的人，心理专家提出了四点建议：

◇请营养专家来对自己的饮食结构进行重新规划

也许，有些人会感觉很奇怪，这与人的抑郁情绪有什么关系呢？可以明确地说，那些经常抑郁的人，饮食习惯通常是不健康的。不健康的饮食习惯将会带来很多问题。因此通过摄取对身体有益的食物，可以有效地缓解自己的抑郁情绪，从而保持自己良好的心境，也就为自己的工作和生活准备了良好的条件。

◇进行积极的自我暗示

均匀的呼吸，思索以前自身所存在的问题，然后通过一种积极的方式将其释放出来。借助不断的自我暗示，就可以实现对自我的重塑。

◇制定一个切实可行的目标

设定的目标要可行，也就是说，外在条件和自身条件都要具备。最初的计划要比较易于实现，需要的时间和精力比较少。如果这个过程所需要的时间和精力太多，在对什么都不感兴趣的情况下，半途而废的可能就比较大。

◇把行动计划分成足够小的步骤，确保制定的计划一定可以完成

制定一个详细计划，计划的每一步要达到的目标都要足够小，以确保自己一定可以做到。每完成一个目标，就胜利了一次，每一次成功会令人的自信逐渐增长。抑郁就会逐渐消失，压抑情绪也就会消弭。

面对由于压抑而导致的抑郁，人们不应该去回避它，因为它是人身体机能的正常表现。当这种机能出现的时候，人们要学会调节自己的情

绪，实现自身情绪的稳定，这样才能保证人们在日常生活中灵活自如地控制自己的情绪，将不良情绪控制在可预见的范围之内，从而为自己的工作学习奠定充分的基础。

第 2 章

学会用学习激发能量

学习是一个不断重复的过程。新东方的俞敏洪说："每天挤出一段时间来积累和持久关心一件事情，你就会成功！世界上成功的秘诀就和背单词一样，是一个不断重复的过程。先做专，再做宽，先做到本本精，再做到本本通，才能够成就大事。先单词，后课文。每天写下三到五件事情，一步步做下来，安排好。我就是这样做的，我就是现在的老俞了。"

这正是学习的秘诀，是最简单最有效的办法。天生就聪明过人的人毕竟是少数，在学习过程中人们只有不断地重复，才能加深自己对知识的记忆，也才能为今后的学习打下良好的基础。所谓"熟能生巧"就是这个意思。

第一节　学会用右脑来学习

充分利用你的右脑

关于整个大脑的学习，可以用一个小故事来阐释。这个故事讲的是菲尼亚斯·盖奇使用的一个虽然糟糕但却有教育性的双关语。

菲尼亚斯·盖奇是美国的一个采矿医师。1842 年，他用铁棍填塞炸药。当炸药爆炸时，这个铁棍横空飞来，穿过了他的左颊，从头骨中飞出，带出了大脑中大部分前皮层。盖奇活过来了，之后多年，他就靠展览自己的头骨碎片和那根飞出的铁棍谋生，生活很不稳定。他也进行了一系列关于大脑损害的试验，帮助有关项目的行动，直到 20 世纪 60 年代这一行动才结束。盖奇的头骨被陈列在华盛顿史密森博物馆里。关于盖奇的传奇之处在于，尽管他的大脑受到损伤，失去了 30%，但据他的医师讲，他的智力能力"没有受到损伤"。他的个性发生了深刻的变化，但是他仍然能够像以前一样进行抽象推理。

医师关于菲尼亚斯·盖奇的记录中这样描述："我上床睡觉，很快醒了，坐了起来。我想大约有半分钟的时间，我的头脑处于混乱和模糊状态。我有点儿惊慌，上帝啊，它究竟是折磨我的身体，还是阻碍了我的理解？我用拉丁诗句做了这个祈祷，可能是为了尝试我的能力的完整性，这个诗句并不是很好。我做的这个诗句很简单，但可以得出结论——我的能力没有受到损害。不久以后，我意识到了我遭受了一击，讲话也困难了。尽管上帝不让我说话了，但是还给我留下了手。在写这段笔记的时候，我不知道我怎么写了这么多错字，也不知道为什么会写这么多的错字。"

利用一个超过 500，000 人的数据库，进行了 20 多年的研究以后，赫尔曼大脑控制机构（HBDI）的创立者爱德华·赫尔曼表示，大脑的30% 是由遗传决定的，剩下的大约 70% 是由后天的经历决定的。神经生理学研究也证明了这一点。96% 的"右撇子"左半球占优势，65% 的"左撇子"右半球占优势。赫尔曼大脑控制机构称，一个人或者是左半脑占优势，或者右半脑占优势，或者喜欢大脑处理，或者喜欢脑边缘处理。这个模式，允许个人思考自己的主要模式，思考、计划可以选择的发展策略。

人的大脑分左脑和右脑两个半球，它们的功能是不同的。左脑通常被称为"语言脑"，右脑则被称为"图像脑"。人们一般认为语言行为是由左脑控制的，实际上它也受右脑操控。这是语言学习中的一个盲点。

语言的学习分为左脑学习和右脑学习。如果用的是左脑学习法，那么就算学十年也没法掌握一门外语。大脑构造就是如此。

实际上，不论左脑还是右脑，里面都有一台"计算机"在工作，但这两台计算机的性能各不相同。左脑的计算机是一台低速意识处理计算机，而在右脑中的那台是高速自动处理计算机，所以虽然大多数人学了十年二十年英语，却还是没有真正学会。

了解了左右脑"计算机"的性能差异就会发现，如果不学习正确使用大脑的方法，那无论怎样试图改善自己的英语学习，也还是难以如愿以偿。

首先，应该知道左右脑的不同性能。左脑被称为"直线处理式"大脑，它对信息的处理方式是从局部到整体的累积式；右脑采取的则是从整体到局部的"平行处理式"。左脑追求记忆和理解，只要把知识信息大量、机械地装到脑子里就可以了。

还是以学习英语为例。错误的语言信息输入方式会导致信息输出发生错误，从而导致无法引出正确的记忆，这样就很难说出正确的英语来。但是如果从最开始就将信息输入右脑，就可以开启右脑的信息输出回路，学说英语会变得相当容易。

右脑是能够快速大量记忆的，不需要一点点地理解后再记忆。（后一种做法是左脑式的，这样做会使右脑停止工作。）只要大量地、不求理解地输入信息，左脑就无法工作，这样右脑才得以充分运转起来。此时，右脑才可以正确地工作。

速视和速听能够改变学习者的大脑机能，使脑电波变成α波。脑细胞神经之间的电流速度变快可以使信息传递速度更快，这样大脑的运转速度就变得更快，思考速度和记忆速度也会变快。每天用30分钟作速视和速听练习甚至可以开发出右脑的其他机能。

速视和速听练习可以让人用一个星期记忆1000至1500个单词，它将使大脑机能自动向右脑转移，记忆力变得出类拔萃。

眼睛有中心视野和周边视野之分。接收眼睛图像的视网膜中的1.37亿个光受器（receptor）。其中有700万个是锥状细胞，位于中心视野，能够看到彩色的世界。还有1.3亿个是杆状细胞，位于周边视野。杆状细胞是感受黑白图像的细胞，在从黄昏到夜晚的时间内发挥作用。杆状细胞是非常敏感的细胞，可以感受到较为微弱的光线，能够在夜晚和黑暗之中识别人的长相。

当大脑处于左脑意识状态时，人们用到的只是中心视野，而一旦进入右脑意识状态，周边视野的能力也可以得到使用。进入中心视野的信息可以利用意识来处理，而进入周边视野的信息可以进行无意识处理。有了意识的介入，就会形成知觉屏障，导致进入大脑的信息数量非常有限。但是如果减少意识的介入，大脑就可以进行高度信息处理。

唤醒右脑的方法

激发、锻炼右脑并不困难。无论是谁，只要稍稍用上点儿功夫，就能将沉睡的右脑唤醒。

◇听音乐

培养自己对音乐的兴趣，多听各种音乐，尤其是一些大师的音乐作品。

贝多芬说："音乐比所有的智慧和哲学都具有更高的启示。"的确，音乐可以滋润人们的心灵，震撼人们的精神，带给人们温馨、安宁的气氛，还可以让左脑得到刺激。

◇增加左手的使用频率

大量研究表明，在许多领域，左撇子的表现往往比一般人更出色。很多左撇子在音乐方面、雕塑方面成绩都更加突出。因此，在生活中，应有意识地用自己的左手多做一些事情，有可能的话，还可以尽量使用左手写字。这样，将明显地改善并加强记忆力。

◇运用形象手段开发右脑功能

一般来讲，把具体的、形象的与抽象的、概括的知识结合起来，更能充分地发挥两个半脑的功能，从而使大脑功能更协调地进行学习和工作。平时可以边看电影、电视、录像，边进行思考。

◇经常欣赏艺术品

要经常欣赏赋有寓意的现代画、雕刻作品，结合作品发挥自己的想象力。值得注意的是，如果目的是增强自己右脑的功能，就不要一面拿着相关材料，一面对照着观赏艺术品。因为这样做实际上是让左脑不停地工作，其结果是既不能专心致志地欣赏，右脑也得不到相应的刺激。

◇在脑海中呈现画面

要努力在头脑中浮现念头、情景，以图像形式来呈现。例如，可以读一些剧本，根据剧本中的描写，在头脑中呈现舞台情景，并有意识地告诉自己，"这是舞台情景在我头脑中的浮现"。同时，不要怀疑自己的右脑是否真的在起作用，而是能有意识地一边读剧本，一边去想象。想象出场人物的言谈形象、音容笑貌。

◇放飞想象力

爱因斯坦说过："想象力比知识更重要。"他的卓越发现不仅是在长期的知识积累中产生的，也可以说是自由丰富的想象力带来的。因此，尽量地将自己的想象力放开，无论它多么滑稽。不妨看看动画片，有时间和小孩子对对话，这对于提高想象力都是大有好处的。

第二节　专注度决定学习的效果

人们通常所说的全神贯注地听讲，聚精会神地做实验，以及专心致志地思考问题，都是"注意"的表现形式。人在醒着的时候，几乎永远都是把注意自觉或不自觉地集中在某件事物上。

人的大脑有个特点，刺激得越强烈，留下的记忆就越鲜明，保存的信号也越长久。有人说："注意越强烈，则感觉越明确和越清楚，因而它的痕迹也就越牢固地保存在我们的记忆中。"这句话是很有道理的。

人在注意某一事物时，大脑皮层就会在相应部位上产生一个优势兴奋中心，所有的神经细胞都要为它"服务"。这种"全力以赴"的结果，使留下的痕迹更明显；相反地，如果大脑皮层同时有两个以上的兴奋中心，就必然会出现注意力分散的现象，这时对事物的记忆就会受到干扰，破坏大脑的记忆规律，记忆效果肯定不好。

在人们的生活、学习和工作过程中，注意力起着非常重要的作用。有位专家说："注意力是学习的窗口，没有它，知识的阳光就照射不进来。"对学习来说，注意力的好坏也是至关重要的。有经验的老师在总结教学经验时，都知道学生学习成绩不理想可能与注意力不稳定、不集中、分配不合理有关。有人做过这样的实验：被试者在注意力高度集中时背课文，只需要读九遍就能达到背诵的程度，而同样的课文，在注意力不集中时，竟然读了百遍才能记住。可见，它与人的学习效率和工作效率有着非常密切的关系。因此有的专家说："哪里有注意，哪里才会有思考和记忆。"注意是认识和智力活动的门户。

注意力的好坏并不是先天遗传的，而是靠后天的学习培养和训练得来的，有些人经过培养训练，注意力和注意品质得到很好的提高。所以要想提高注意力，培养良好的注意品质就应该进行有意识的训练，而且更多的还是自我训练。下面介绍几种注意力的自我训练法。

利用课堂锻炼自己的注意力

课堂听老师授课是学校学习的基本方式，占学习时间比重较多。如能重视课堂学习，注意听讲，不仅能掌握好课堂知识，还能提高自己的认识能力，长期坚持专心听讲，还会培养良好的注意的品质。

搞好课堂学习和提高注意力应做到以下几点。

◇加深课堂重要性认识

课前要认识到这堂课的重要，因为每堂课的内容都有它的重要性和意义，都有一部分新的知识要我们去掌握。多想这些重要性，并以此引起我们对课堂的兴趣和注意，我们就能专心听讲。

◇要认识老师讲课的重要性，要适应老师的讲课方式

一般来说老师具有比学生丰富得多的经验和专业知识，而且常常讲些书本以外的知识，有经验的老师还能讲怎样去学习知识和发展自己的能力等一些知识，要认识到没有老师的授课和指导，我们学习的困难就会增大，甚至学不下去。作为学生，要常提醒自己，要听好老师的讲课，向老师学习，不能错过学习的好机会！

◇提高课堂学习效率，有意追踪课堂内容和老师的思维活动

如果在课堂上只将注意力集中在听老师的讲课，不思考老师授课的内容，不理解这些内容，那么老师的讲课会变成催眠曲，使我们慢慢进入瞌睡状态。所以上课专心于听懂，一边听讲，一边很快地思考，弄懂所讲的意思，如此跟随老师讲解进行积极思考和对问题的探究，则会使大脑处于兴奋状态，也就是使注意力集中在讲解的内容上。有经验的老师说："会听课的同学，总是听老师怎样提问题，分析问题，他的思维总是像一个探照灯的光束，紧紧地追踪着老师的思路。"

课堂上边听边想，这种思考是快速的，若思考过深过慢则会影响后面的听课。所以应细细地咀嚼，深刻地思考和归纳，疑点的解决主要靠课后的复习或向老师同学去请教。

◇排除干扰不受内外影响

当发现自己有轻视讲课内容的苗头，或老师讲课方式不适合自己口味，或思想不自觉开小差的时候，要及时纠正过来，不能任其发展。当课堂上不安静，出现其他同学干扰或外界的影响时，也要排除干扰，不受影响，保持集中注意力的心理状态。上课不是看电影、听故事，没有强烈的故事情节和鲜明的形象去吸引着人们的注意。课堂讲授的各种科学知识有它的知识体系，概念系统，比较抽象概括，它需要借助意志力的帮助，自我控制，去战胜分散注意的各种内外干扰因素，做到有意识注意，有目的学习。

◇课堂上要善于分配注意

课堂上不仅要听、看、想，而且还要记笔记，怎样合理地分配注意力，而不至于顾此失彼，也是很重要的。不要只顾一字不漏地记老师讲的内容，而不去思考；也不要只顾着想，忘了听下去，或记笔记。其结果都会影响上课的效果。我们要学习转移和分配注意力，听讲时还要快速地想想，当听到重点的内容或老师补充教科书上没有的材料就简要地记一下，以帮助课后复习和理解。如此分配注意于听、想、记上，以理解内容为重点，兼顾各方面，就能大大提高课堂学习的效果，还可以培养良好的注意力的转移和合理分配的能力。

在学校学习中，如果能够全神贯注、集中注意力和合理分配好注意力，不仅是提高学习效果和提高学习成绩的关键一环，而且通过课堂学习训练也能培养良好的注意品质，从而促进注意力的发展。

在阅读中培养自己的注意力

有研究指出，注意力是集中还是涣散将直接影响读书的效果。读书的目的就是理解书的精神实质，记住书的主要内容。要做到这些，就必须集中注意力，特别是在深入思考书中所讲内容的深刻含义时，必须聚精会神，高度集中注意力。所以说在阅读过程中集中注意力是理解和记忆的前提条件。那种随意乱翻、心不在焉地读书是没有收获的。

阅读教材或有关参考资料，精读其他书籍时，要想获得好的学习效果，就必须集中注意力，同时把读书与训练注意力结合起来。许多著名的学者都很注意这方面的自我训练。如有的人在读书时，就经常在一些重要内容旁边写上注意、特别注意等。也有的用划符号或用"！""？"以及"☆"做记号，以引起注意。

梁启超是中国近代一位大学问家。他曾经告诫他的学生，如果想要学会读书，就要读书读到能将书中平面的字句浮凸出来为止。书中平面的字句怎么会浮起来呢？他的一个学生听了很纳闷。许多年过去了，这位学生在博览群书之后，才明白老师的这句话，指的是在读书过程中要对阅读材料选择性地给予不同程度的注意。那些不重要的字句浏览一下就放过去了，而对那些重要的关键的字句，则要给予充分的重视，甚至做到在读某一篇文章时，能一下子注意到那些最重要、最关键的字句，好像这些字句是有别于其他字句浮凸在书面上似的。

梁启超的读书法很有效，因为他能简明扼要地马上使人掌握某一篇文章的重点和关键。掌握这个读书法的技巧，就是训练自己对那些关键词句的注意力。事先确定一个阅读范围，阅读时，只对最重要和最关键的部分给予最集中的注意，天长日久，每读一篇文章时，就会发现书上总有某一个重要的注意点毫不吃力地凸显出来了。

注意力是影响学习效率的最重要因素之一，它是一种非智力因素，在学习过程中起着重要的作用。因此，在学习的过程中，一定要专注，集中自己的注意力。

第三节 温故而知新，反复练习 才是硬道理

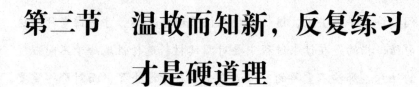

任何一种知识的吸收，只要不断地重复就会得到不断的加强。只要人们不断重复对一些知识的记忆，知识就会变为自身的一部分并储存在大脑中。

爱迪生发明电灯是一个不断重复并最终获得成功的例子。多实验，同时不断观察；多思考，从而做出新发明。爱迪生在发明电灯时，找了包括竹条、木条、铁丝在内的数十种材料作为灯丝，最后决定用钨丝制作灯丝。钨丝在高温下可发亮，而且可持续相当长时间，爱迪生是经过反复实验才得出这一结论的。如果没有爱迪生的反复实验，电灯的发明恐怕还要等上几十年呢。

固特异也是在不断的重复实验中，才偶然发现了橡胶和硫黄发生化学反应后可以产生出前所未有的优异弹性的橡胶这种新事物，并凭借由此新事物获得的信息成功地发明出了橡胶。

不断重复并提高最基础、最根本的东西，就有可能成功。比如世界上那些顶尖运动选手，他们每天做的也不过是重复做着同样的事情，但正是因为不断重复，才有了不断创新，才避免了那些妨碍成功的错误，才能在竞赛中夺冠。坚持并全力以赴，在重复中不断提高自己，不断超越，才能最终到达终点。成功依靠的就是不断地重复。

学习更是一个不断重复的过程。新东方的俞敏洪说："每天挤出一段时间来积累和持久关心一件事情，你就会成功！世界上成功的秘诀就和背单词一样，就是一个不断重复的过程。先做专，再做宽，先做到本本精，再做本本通，才能够成就大事。先单词，后课文。每天写下三到五件事情，一步步做下来，安排好。我就是这样做的，我就是现在的老俞了。"

这就是学习的秘诀，是最简单又最有效的办法。天生就聪明过人的人毕竟是少数，在学习过程中只有不断地重复，才能加深自己对知识的记忆，也才能为今后的学习打下良好的基础。所谓"熟能生巧"就是这个意思。

有一位著名心理学家测算出人的遗忘曲线，该曲线描述了人的记忆随着时间推移的遗忘规律，即对一般不重要的事物，识记后在20分钟内遗忘47%；在第二天以后遗忘66%；到第六天遗忘75%；到第31天遗忘79%。这个统计说明，遗忘的规律是先快后慢，特别是记忆后48小时之内遗忘率最高。所以说，有效反复是记忆的捷径。记忆只有不断重复，及时复习才能降低遗忘率。如果等到遗忘了再重新记忆，效率就大大降低。对于新知识的学习要经过"记忆—忘记—再记忆"的多次反复。因此，当我们背出某个知识点后，不要以为已经大功告成，隔一段时间还要再温习一下。

张斌在班里被称为"活词典"，学过的英语单词他都记得，因此得了这个外号。他的记忆秘诀就是自制随身单词卡，时常看看、背背，在玩中学，持之以恒。时间长了单词就记在了脑子里，变成了自身知识的一部分。新学的单词，他从不搞突击记忆，而是采用分步反复记忆的特效方法。一组英语单词，集中在一个时间反复学习不可能达到记熟的目的，张斌每次都是分散时间，计划好，每天记一遍，最后记熟。他几乎每天都会看单词卡（单词卡在衣兜里或张贴在书桌抽屉里的某个地方），再每天听一小时的录音，模仿发音，大声跟读，根据读音速记单词。对于那些长时间不接触的单词，他也总是赶在遗忘之前有效地巩固。这样长时间地坚持下来，他才轻松、愉快地记住了所学内容。

人脑所记忆的东西，会被逐渐淡忘。记忆得越浅，淡忘得越快；记忆得越深，淡忘得越慢。"重复是学习之母"，记忆是在反复中进行的，重复是同遗忘做斗争的最有力的武器之一。重复学习不仅有修补、巩固记忆的作用，还可以加深理解。

重复就是记忆的发动机

记忆是对经历过的事物记得住并能再现的认识活动。它包括识记、保持、再现、再认四个方面。记忆的深浅不仅与刺激的强度有关，也与重复的次数直接相关。在一定条件下，重复的次数越多，记忆就越深刻。每周一歌或电视剧插曲，刚听第一遍时感到陌生，然而一周下来，便基本会唱了。刚接受新知识时需要重复，否则印象太浅，不会在脑中产生记忆效果。这就像没有闸的汽车，一直爬到坡顶才能停稳，半坡上熄火就容易溜下来。重复就像发动机，把记忆的载重车推上有利于保持信息的"坡顶"，再暂作歇息。

◇重复记忆思维方法是强化识记和保持的思维工具

衡量一个人记忆的好坏有四个指标：

记忆的敏捷性，指记忆的速度。

记忆的持久性，指记住的东西保持时间的长短。

记忆的正确性，指记忆的东西准确地再现出来。

记忆的备用性，能够把记忆中所保持的东西在需要的时候再现出来。要做到识记和保持，克服遗忘，最有效的方法就是重复记忆。

◇重复记忆思维方法是从识记和保持到再现和再认的桥梁

记忆是科学创造的重要心理条件。前人的经验是其实践活动的总结和概括，又是后人进行科学创造的基础。科学工作者博学多识、博闻强记，才能在前人研究工作的基础上确立自己的创造方向。当代科学技术突飞猛进，"知识爆炸"，知识更新迅速，这要求人们具有良好的记忆力，不断学习新知识，及时吸取最新科学成果，才能更好地进行科学创造。可见，重复记忆思维方法不仅促进人们记忆和保持记忆，而且是人们很快再现和再认识（再创造）的桥梁和纽带。

◇重复记忆思维是增强记忆力的助手

要使书中的知识活化为自己的知识，必须从记忆入手。马克思有一个习惯，就是隔一些时候就要重读一次他的笔记本和书上做记号的地方，来巩固他的记忆。捷克著名的教育家夸美纽斯指出："记忆不应当得到休息，因为没有一种能力比它更易操作。你要每天找点儿东西给记忆，因为你愈是多给它记，它便愈能记住；你愈少给，它便记得愈稳固。"人脑需要不断训练，大脑越用越灵，谁不长期训练大脑，就会变得迟钝、健忘。这充分说明，重复记忆思维方法是提高记忆，增强记忆力，锻炼记忆力，发展记忆力的最诚实的朋友和助手。

重复记忆是与遗忘做斗争

遗忘是记忆的大敌，它使记忆痕迹逐渐淡漠甚至消失。通过重复则可以加强大脑皮层的痕迹，从而达到加深对所记内容的理解、修补并巩固记忆的目的。如果学习、记忆的程度达到150%，将会使记忆得到强化，可以使学习过的内容经久不忘。很多知识在初学的时候，难免不深刻、不全面，把握不住知识的内在联系。随着学习的内容增多，通过重复就可以把前后的知识条理化、系统化，这样就理解得更透彻了。

重复与遗忘的关系：一是重复的次数越多，忘得越慢；二是遗忘的速度并不简单地与时间间隔成正比，而是先快后慢。遗忘与时间有关。一个大学生毕业后十年内不与任何同学来往，他会把许多同学的名字忘掉。一个高中毕业的农民，在五年之内不读书、不看报、不写字，便会提笔忘字。

采用重复记忆方法时，要科学地安排重复的次数和时间间隔。一般说来，对于复杂难记的内容，重复次数要多些。重复最好在记忆将要消失的时候进行，且重复间隔时间由短渐长，这样就能达到事半功倍的效果。

由此可见，第一次复习应该及时，新学习的内容最好在 12 小时之内复习一下，抓住记忆还比较清楚、脑子中记忆的信息量还多的时候进行强化。第二次复习时间间隔可以稍长，比如两天。再往后，间隔可以更长，比如依次为一周、半月、一月、半年、一年、几年。复习所用的时间也会依次缩短，甚至只要用眼或耳过一遍就行。

这样先重后轻、先密后疏地安排复习，效果极佳。每天所花时间也不是很多，只是有些麻烦，最重要的是要形成习惯。如果这个方法在时间的分配上还不怎么合理，则可以根据自己的实际情况调整。

重复的方法

为了应付考试，有人喜欢临阵磨枪。这样突击学习的知识远达不到永久记忆的目的，往往是记得快忘得也快，就像狗熊掰棒子，虽然掰得很多，但最后所剩无几。科学的做法是对于基础性的、必须内储的知识，尽量早日融会贯通，并适时安排复习；对临时应付性的、没有必要内储的知识搞临阵磨枪。

　　小刘无论是背单词还是背生字，都有一个重要的原则，就是每次都大量地背。她知道自己不比别人聪明，所以背完生字，别人忘掉五分之一，自己绝不会比别人忘得少。然而，别人每天背10个生字，自己却背100个，忘掉五分之一，还剩80个，是别人最聪明状态下的10倍。小刘要求自己的最低限就是每天100个。其实背到后来她发现这个要求并不高，一个月后，她自然而然地就背到200个甚至更多了。这100个生字小刘要分成五个时段来背，早晨20，上午20，中午20，下午20，晚上20。第二天晨读复习以前没背下来的生字，重复背的时候，不是逐字细看，而是一目十字，因为没有认认真真的时间。一边看一边读每个生字的读音，默读也可以。看完后回忆一遍，回忆不起来的再看。这次背的目的在于留下个大概印象，下次看见能知道这个生字，所以背到大部分都能回忆得起来就行了，把剩下的生僻字、易错字单独抄出来制成卡片随身携带。

　　跟很多学生考试前狂背不同，小赵在平时的学习中就把该背诵的知识记得差不多了。他的学习方法就是：和背诵内容多见面。一个单词、一首古诗、一篇文章能不能记住，取决于和它在不同场合见面的频率，不在于每次看着它的时间长短。小赵想记住某个知识点，就每星期至少和它见三次面，还时常把需要背诵的内容翻出来熟悉熟悉，等到考试的时候就不用重新记忆了。

　　反复记忆的学习方法是人们最常用、必须用的学习方法，也是最基本的学习方法。再简单的方法也是建立在反复记忆的基础上的，没有反复的记忆和学习，知识还是书本上的，不会变成自己的。只有真正地掌握了知识本身，才会体会它更深刻的含义，也才能使它变成自身知识的一部分。

　　有许多学生在学习内容的安排上有一种惰性，知新时便忘记了温故；复习某一门课程时，便把其他课程忘在一边，这种做法也不可取。这是因为，当他们专注于复习或学习某一门课程时，其他课程的内容因搁置太久而几乎忘光了，再复习时不免要花费许多时间和精力。如果适时安排复习，则既省时又省力。复习就像打扫覆在记忆上的灰尘一样，灰尘很少时，一吹即掉；灰尘很多时，虽用水洗也难见本色。

　　科学的做法是让各科知识学习齐头并进，复习也齐头并进。在复习时，第一遍先粗略地记忆基本概念、基本理论、基本方法，通过系统归纳，使之网络化，并记忆在头脑里：第二遍做书中的例题，做完后与书上的题相对照，力争"一步不少，一字不落"；第三遍做书上的习题，达到一看即懂的程度。此后，再去选做一些参考书上的习题。这样才能收到满意的效果，提高记忆力，受益匪浅。

第四节　学习有方法，让大脑更聪明

　　俗话说："刀不磨要生锈"大脑也像刀一样，如果不经常思考，就容易迟钝。

　　人人都有大脑，会用它的人才是聪明的。越是喜欢使用脑，脑力就越充沛；相反，如果不经常使用脑，就算智力相当发达，也可能变得迟钝。

　　一位科学家曾经这样说过："人脑是非常大的资源宝库，这与自然资源宝库不一样：自然资源越用越穷，而大脑资源却恰恰相反，只有你不用的时候，才会枯竭。"真正的学习是用大脑去学习。会用大脑的人，不但能够做成自己想做的事情，而且更清楚地知道他该往何处去，这样才能成为一个从容的、掌握自己的人。因此，学会科学地用脑，才能提高学习效率，取得好成绩。

身体要休息，大脑也要休息。要想使大脑长期有效地运转，必须让它有规律地休息。

学生大脑的兴奋时间要比成人短，且不能接受过多、过复杂的信息，不要给大脑过多的压力和负担，学会科学、合理地用脑。只有这样，才能学习好、效率高。

大脑活动分为兴奋和抑制两个过程，兴奋似机器的工作状态，抑制似机器的休息状态，两个过程交替进行，互为补充。如果长时间地不加节制地使用大脑，会使大脑长时间处于紧张的兴奋状态，因消耗过大而变得虚弱，导致神经衰弱。

有人把一个班的学生分为两大组，让两组同学学习相同的内容，其中一组同学在学习中间休息 5 分钟，而另一组学生一直学习，中途不得休息。结果发现，获得休息的一组同学的记忆情况要比没有休息的一组同学的提高 22%。

这个实验说明，在学习中间能适当休息，可消除大脑疲劳，减少遗忘。

五官并用、手脑并用

有人发现，学习同一内容，如果只用视觉，可接受所学知识的 20%，如果只用听觉，可接受所学知识的 15%，如果视听并用，则效率大大提高，可接受 50% 的知识。这一发现说明，学习时使用多种感觉器官共同参与，可明显提高学习效率。具体地说，在学习中应做到"六多"，即多观察、多思考、多听、多读、多动、多说。

不要长时间学习同一内容

在学习时，不同的学习内容，会在大脑皮层的不同区域形成兴奋点。如学习英语，可在大脑皮层的某区域形成一个兴奋点；学习语文则在大脑皮层的另一区域形成一个兴奋点。因此，倘若长时间学习同一内容，必然会使大脑皮层某一区域的神经细胞负荷加重，从而降低学习效率。这时，如果能变换一下学习内容，可使大脑皮层的另一个区域产生兴奋。这样，大脑不同区域的神经细胞轮流工作，就会获得充分休息，可以大大提高学习效率。

只有充足的睡眠，才能消除大脑疲劳，保证大脑的正常工作。因此，要想学习好，必须睡得足，睡得好，千万不要经常开夜车，否则会影响身体健康。

饮食合理，营养充足

同学们在紧张地学习时，由于多取坐的姿势，血液循环相对缓慢，但大脑消耗氧的能量很大，氧的供应往往跟不上需要，容易产生脑力疲劳。同时，学习会消耗大量的营养物质，如果不能及时得到补充，就会受到损害。因此合理的饮食，充足的营养，可为大脑神经细胞的正常代谢提供物质保障。同学们应适当吃一些动、植物蛋白质，如肉类、禽类、海鲜、豆制品等，还要适当多食新鲜蔬菜、水果，以补充维生素和果糖。

科学利用直觉

直觉是一种非常可贵的因素，它是思维中的一种洞察力，具有这种能力的人能迅速抓住并澄清模糊不清的概念。爱因斯坦非常重视直觉，他说："从特殊到一般的道路是直觉性的，而从一般到特殊的道路则是逻辑性的。"爱因斯坦提出了科学形成和发展的两条途径：一是无意识方面，即通过非逻辑的直觉和想象；二是有意识方面，即通过逻辑思维。

> 有一个青年工人，无意中发现丢在路旁的废纸团被雨淋湿后会自动伸展开来，直觉告诉他，这里一定蕴含着某种发明的契机。经过潜心研究，他发明了一种新颖的"纸张型自动控制器"。这位青年工人正是凭借直觉，迅速抓住了思维的"闪光点"，直接了解到事物的本质和规律，从而取得了成功。

由此可见，人的直觉并非是非理性或不实际的。正相反，它是潜意识心理思考的结果。比如，直觉认为今天下午可能会有雨，也许并非是人意识到天上有云或者湿度高，而是因为以前曾经有过同样的气象征兆，结果真的下雨了，这就是直觉的表现。

"直觉"是以人们过去所累积的知识和经验为基础的，如果一个人在某一方面的知识和经验不足，那么，这一方面直觉的价值也就不会很高。因此，具有创新思维的人在真正能够相信他的直觉之前，必须要具备相应的知识。当捕捉到那种"直觉"的兴奋感后，可以继续相信这份直觉。如果这是一个自己特别了解的知识，那么，凭直觉去选择，正确率会更高。

科学用脑只有一个原则，那就是必须按照人脑活动的规律办事。只有合理利用大脑，也就是学会科学地用脑，才能让自己的大脑更加聪明。

第五节　扩展学习的途径

人们对一件物品往往只看到它的通常功能，而看不到其他可能有的功能，因而影响人们充分利用物品去有效地解决问题。

　　一位心理学家在他主持的实验中，要求被试者把三支蜡烛垂直地固定于一架竖直木屏上。而给他们的材料是：三支蜡烛，三个纸盒，火柴和一些图钉。解决这个问题的正确办法是：点燃一支蜡烛，在每个纸盒外滴一滴蜡油，然后将三支蜡烛固定于纸盒上，再用图钉把纸盒固定在木屏上。然而在两组实验者中，他们所用的方法各不相同：第一组实验者领到的材料是摆在纸盒外的，即每一件材料都是单独的；第二组是把蜡、火柴和图钉分别装在三个纸盒内交给他们。实验的结果是：第一组有90%的人按照正确的方法解决了问题，而第二组只有35%的人按正确的方法解决了问题。

　　认真分析原因就会发现，第二组的人只是把纸盒看成容器，而没有想到它的其他功用。

　　日常生活中的这种例子很多，遇到问题一筹莫展时，突然听到一个新奇的办法，不是也常常恍然大悟地一抬头说："哎！我真笨，我怎么没想到这个方法呢？"因此，每当遇到难题，一定要先认真分析，从多角度考虑问题。这样，解决问题的办法就会自然而然地浮现在脑海里。

学习成功的人，每解决一个问题，都要先动脑子，然后运用所学的知识，去解决面前的难题。比如，要想在学习上取得成功，一定要多动脑子，用自己的智慧去解决问题。

做题或做事之前先动脑筋思考，抓住事物的本质特征，发现解决问题的关键，机智灵活地解决问题。

充分利用大脑把所学到的书本知识和社会信息进行加工，产生新思想、新方法和新规则。这样输入大脑的就是知识，而输出的却是智慧。

做题和做事时要尽量想办法改变现有规则来实现目标。

先向一个小目标奋进，实现一个目标，使自己有一种成就感，以增强自信心，为学习其他内容、其他学科提供智慧、信心而打好基础。

如果在学习中能做到以上几点，问题就会迎刃而解了。

在解决问题时，要不断发现更灵活、更巧妙、更简单的新方法。

遇到问题时不要只看表面现象，而要发现事物的本质特征，以便更好、更快地解决问题。

好的工具是成功的一半，"工欲善其事，必先利其器。"随着社会的进步，学习也由原来的传统学习方法向充分利用现代化学习工具的方向发展了。学习工具是十分重要的，有了好的学习工具，可以提高学习效率，增强学习兴趣和信心。如果能够将某些现代化工具运用到学习上就能够在很大程度上提高学习效率，收到良好的学习效果。

利用媒体学习

这里所说的媒体，主要是指电视、网络等。也许有人认为学习是一种比较严谨的思维活动，而电影和电视是用来娱乐的，根本不可能运用到学习上。这个观点是错误的，其实电视对学习很有帮助。

◇从电视上直接学到知识

现在有很多专门的教育电视台，这些电视台所播放的都是与教育、学习有关的内容，而且都是名师主讲，从讲课质量上有了保证。这些讲座大多具有实用性和完整性，只要你愿意听，就能完整地学习某一方面的内容，从这一点上看，要比在课堂上学习更具优越性。

◇娱乐有助于学习

对于大部分学生来说，看电视只是娱乐，其实适当娱乐也有助于学习。当我们学习累了，适当看一会电视，可以调节大脑神经。大脑连续工作一段时间后，就会出现疲倦，如果继续使用，效率会大大降低。这时不妨看一会儿电视，对缓解疲劳是非常有效的。

当然这里的娱乐指的是适当娱乐，做任何事情都要有个度，绝不能过分。很多人看电视上了瘾，回家唯一做的一件事就是打开电视，这样对学习就不利了，是不可取的。

利用网络学习

科技发达的 21 世纪，是信息的时代，作为新时代的主人更需要具备丰富的知识。网络是一个包罗万象的知识宝库，也是 21 世纪最先进、最方便、最快捷、最有效的学习途径。那么该如何利用网络来学习呢？

◇网上浏览与下载

现在，越来越多的学习网站出现在互联网上，只要输入相关的网址，就可以非常方便地进入。在这些网站内，不但可以直接浏览自己需要的内容，还可以下载大量的内容。可以根据自己的需要，将大量的内容下载到电脑上，等有了时间再学习。

◇与网友讨论学习

互联网时代的讨论已经不局限于亲近的朋友或同班同学了。如互联网上的BBS具有讨论管理、文章讨论、用户留言、电子信件等诸多功能，因此很容易实现讨论学习的需求。可见，网络确实有很多优点，对于提高学习效率也是相当重要的。因此，每一个想要提高学习效率的同学都应该充分地运用网络来学习。

利用工具书学习

工具书，包括一般的字典、成语词典和英语词典等。看书的时候，遇到不认识的字、不明白的概念，翻阅工具书，查询一下，就会弄明白了。经常使用工具书，不但有利于及早解决疑难问题，同时还能锻炼对工具书的熟练程度，有利于提高学习兴趣。

有些人在遇到疑难问题时喜欢东问西问，而不求教于工具书。他们认为查工具书太麻烦。这样做速度是快了，但没有效率！

◇百科全书

百科全书到目前为止依然是内容最为丰富的工具书，但是，真正使用百科全书的却不是很多，这到底是为什么呢？这是因为对于一般的学习者来说，百科全书查找起来不是很方便。页数太多、部头太大，如果不经常查找，使用起来非常不方便。但百科全书确实是学习的好助手，只要能够很好地使用它，就能够从中获得方便。因此它仍然受到很多人的青睐。

◇专业工具书

在实际学习过程中，为了提高学习效率，人们最需要的往往是具有针对性的专业工具书。比如《英汉词典》《历史年表》等，因为百科全书虽涉及了所有的知识点，但对知识的讲解也只是点到为止，不如专业工具书那样精细。

利用学习指南

学习指南是老师为了指导学生更好地学习而写出的学习计划，它是老师根据自己长期的教学经验总结出来的学习"圣经"，因此，利用它来学习是提高学习效率的关键技巧之一。那么学习指南能够对学习有什么帮助呢？它能使同学们明确学习的目的。同学们看了学习指南后，对学习这些内容的重要作用就很明确了，这样，不仅大大提升了学习的积极性，也激发了学生的学习潜能。因此，只要能够严格按照学习指南学习，就会收到良好的学习效果。

使用学习工具，不但可以提高学习效率，而且还可以增强学习的兴趣和信心。

第六节　不做考试的奴隶，
　　　　成为更好的自己

真正的学习是轻松的，轻松的学习是快乐的，只要能够轻松学习，效率会更高，效果会更好。

不做学习的奴隶

在学习中获得快乐的秘诀很简单，那就是不做学习的奴隶！其实，还可以跟它成为朋友，成为好朋友。要尽可能多地接触社会、认识社会、适应社会。表面看来，这样做学习的时间好像是少了，但实际上学习的内容多了，学习热情高了，真正成为学习的主人。

为什么有些同学整日忙忙碌碌，埋头苦读，成绩却怎么也上不去呢？很大原因就是因为他们没有找到学习的正确方法。其实，学习除了努力外，还要讲究方法，如果方法不当，就会感到很累，而且成绩还不理想。

学习时一定要有休息的时间，不然只会让效率更差。有人常常熬到深夜，超负荷学习。这种"拼命三郎"式的学习方式是要不得的。因为这样不但对身体有害，而且效率也很低，有时甚至还会起反作用。

一个人的精力如同一根弹簧，如果在弹性限度内拉开它，手一松，就会弹回去，恢复原来的正常状态。假如无限度地拉，超出了弹簧的弹性限度，当再松手的时候，它就不会再恢复原状了。如果一个人睡眠不足，每天"超负荷"，就好似超过"弹性限度"，时间长了，必定影响身体健康。同时，由于大脑连续工作时间过长，会疲劳不堪，效率也会大大降低。我们的大脑每天都处于兴奋和抑制的交替进行状态，即学习时大脑皮层兴奋，随着学习的进行，兴奋逐渐削弱，并出现抑制，这就需要大脑休息。如果你在学习时感觉到很累，就小睡片刻，这样精神就会很好，因为这时睡觉会马上进入梦乡，所以睡眠质量很高，可以马上补足精神。精神补足后，学习效率就会提高。

要想解决问题，首先要在心理上战胜自己，相信自己有能力把问题解决好。

◇动机要适中

有关专家曾做过这样的实验：在很高的地方放有香蕉，大猩猩靠自己的力量是无法够得到的，于是，实验人员又在大猩猩的身旁放了一根竹竿，只有利用竹竿才可以取到香蕉。结果发现：在大猩猩受饿不到 6 小时的时候，由于取食的驱动力（即动机）

太弱，它的注意力很容易被各种不相干的因素分散；可是，当它受饿 24 小时的时候，取食的驱动力大大增强，因此注意力过分紧张地集中于香蕉这个目标上，忽视了解决问题的各种必要条件，同样也想不到用竹竿去取香蕉；只有在受饿 6-24 小时之间时，由于驱动力强度适中，它的思敏敏捷，反应灵活，注意力集中，因而很快取到了食物。

同样，对于人来说，如果解决问题时积极性不高，或者急于求成，就会走入极端，使问题得不到解决。

◇启示与联想

有关心理学家曾做过这样一个实验：天花板上悬着两根绳子，二者相距较远，无论是谁都不可能同时抓住两根绳子，可这位专家却要求实验者把两根绳结在一起。这就要求实验者大动脑筋了，解决这个问题的办法之一，是在一根绳头上系一个物体，使之摆动起来，等它摆向另一根绳时，就可以同时抓住两根绳。这位专家让两组人在解决这个问题前，分别记忆一些不同的单词。第一组记忆的词同绳索完全没有关系，另一组则记忆"绳索""摆动""钟摆"等词，然后让两组去解决问题。结果发现，第二组比第一组解决问题的速度快多了。

显而易见，第二组从记忆的单词中受到了启示。由此可以看出，善于解决问题的人，也就是善于随时随地受到启示或进行联想的人。青少年们在学习的道路上会遇到许多关口，只有学会自己学习，变"被动学习"为"主动学习"，才能突破这些关口。也许有些人会想，我读书都读了十年左右了，还不知道怎样学习，这简直是天大的笑话！其实，这并不是什么笑话，因为确实绝大多数人都不知道该如何学习。学会学习，并不是一件简单的事情。

不要以为"会背会默，滚瓜烂熟"，便是把书读懂了。其实，这远远不够。学习，如果不加以理解、深入领会其中的含义，那只是学到了表面上的东西。在校学习期间，掌握正确的学习方法与把知识真正学懂是同等重要的事情。学会学习不但保证人们在校学习好，而且保证将来能够不断地提高。人们一生从事工作的时间必定要比在校的学习时间长，而且要长得多。一个学生即使他中学没有毕业，但如果他养成了一个良好的学习习惯，将来在工作上的成就未必比大学毕业的学生差。与此相反，如果一个学生即使读到了大学毕业，甚至出国留洋，获得博士学位，但如果没有学会自己学习，自己钻研，那他一定还在老师所划定的圈子里团团转，更谈不上在科学研究上有所创造发明了。

恩格斯曾说："我们所需要的，与其说是赤裸裸的结果，不如说是研究：如果离开引向这个结果的发展来把握结果，那就等于没有结果。"

因此，在学习时，不但要知道结论，更要知道这个结论是如何来的，只有这样，才能真正懂得结论；只有不仅知其然，而且还知其所以然，才能够对问题有透彻的了解。要做到这一点，并不容易，这就要求人们对每天所学的内容都要学懂，有不懂的地方，就要想办法弄懂。

第 **3** 章

修炼气质提高能量的功率

气质在社会所表现的，是一个人从内到外的一种内在的人格魅力，然后是发挥出的一个人内在魅力的质量的升华。人格魅力有很多，比如修养、品德、举止行为、待人接物、说话的感觉等，所表现的有高雅、高洁、恬静、温文尔雅、豪放大气、不拘小节、立竿见影等。所以，气质并不是自己所说出来的，而是自己长久的内在修养平衡以及文化修养的一种结合，是持之以恒的结果。

精致的容颜、入时的服饰、精心的"妆"扮，能给人以炫目的美感，但这种外在美毕竟短暂浅显，如天上的云、地上的花，转眼即逝，总有凋零之时。而气质，则逐日增辉，即使容颜褪尽，它仍会风韵犹存。这才是一个人的真正魅力。

第一节　气质是内在修养和
外在修养的结合

在现实生活中，有相当数量的人只注意穿着打扮，并不怎么注意自己的气质是否给人以美感。

诚然，美丽的容貌、时髦的服饰、精心的打扮，都能给人以美感，但是这种外表的美总是肤浅而短暂的，如同天上的流云，转瞬即逝。有心人会发现，气质给人的美感是不受年龄、服饰或打扮的局限的。一个人的真正魅力主要在于其特有的气质，这种气质对同性和异性都有吸引力。这是一种内在的人格魅力。

气质对容貌的影响

东汉末年，匈奴派遣使节朝觐中原。重权在握的曹操觉得自己身材矮小，不足以镇敌，遂请当时的一位美男子代替他来接见，而自己则在一旁持刀侍立。朝觐完毕，匈奴使者回到自己的国都后，对君主说："魏王雅望非常。然床头提刀人，乃英雄也。"

由此可见，一个人的气质对其容貌的影响。

美国林肯总统被称为全美国最丑的人，但却是当时最有男性魅力的人。他曾说："一个人40岁以前的容貌依赖父母遗传，40岁以后该由自己负责。"气质的形成需要后天的培养和训练。岁月流逝，容颜易衰，只有气质长存。

仙风道骨的气质

拥有独特气质的人，必定具有独特的个性魅力。

商朝末年，周文王心事重重地出门打猎，走到渭水边，发现一老者端坐垂钓，老人须发全白却腰杆挺直，布衣着身，却掩饰不住仙风道骨的绰约气质。周文王被吸引了，近前再看那钓竿，万分惊异钓竿竟是直的！且听老者自言："愿意上钩的鱼就自己上来。"周文王敬为天人，上前与其倾谈，很快就任命其为国师。

这位老者可不是什么退休的糟老头儿。姜太公钓鱼，神闲气定，愿者上钩。如果不是渭水边超然于众人之上的气质和惊人之举，一个无名的八旬老头儿怎能从贤者如云中脱颖而出，又怎会有后来名扬四海的牧野一战？中国历史上怕是就要少了一位未卜先知的智者了。可见无论何时何地，一个气质出众的人总是更多的被人注意，为人欣赏，甚至机会也会更加垂青于他。

漂亮和气质

气质美看似无形，实为有形。它是通过一个人对待生活的态度、个性特征、言行举止等表现出来的。

大家一致公认阿宝是办公室里最漂亮的女人，皮肤白皙光滑，标准的鹅蛋脸型和双眼皮的大眼睛比例协调，然而，阿宝精致的脸总让人感觉好像缺少了什么，那是什么呢？却又说不清楚。有人说她的眼睛大而无神，有人说她的表情太平淡，有人说她的漂亮让人一览无遗反而没味道了，总之看一阵就审美疲劳了。相比之下，小紫虽然不算美女，眼睛小了点，嘴大了点，却透着一股灵慧聪敏，尤其抬头看你的时候双眸炯炯有神，眉宇之间有种脱颖而出的东西，会让人刹那间走神。

于是大家评价说阿宝很漂亮却没气质，小紫不漂亮却很有气质。

走路的步态、待人接物的风度，皆属气质。朋友初交，互相打量，立即产生好的印象。这种好感除了来自言谈之外，还来自作风举止。

气质美还表现在性格上，这就涉及平素的修养。要忌怒忌狂，能忍耐谦让，关怀体贴别人。忍让并非沉默，更不是逆来顺受，毫无主见。相反，开朗的性格往往透露出大气凛然的风度，更易表现出内心的情感。而感情丰富的人，在气质上当然更添风采。

许多人并不是靓女俊男，但在他们的身上却洋溢着夺人的气质美：认真、执着、聪慧、敏锐……这是真正的气质美，是和谐统一的内在美。你也许并没有天生的美丽容颜，但是，只要你用心去努力培养自己的气质，相信你一样会拥有精彩亮丽的人生。

从"吃"看气质

西方许多心理分析家认为：一个职员在"吃"方面的行为举止，甚至他的口味爱好，都暗示着这个人的性格和气质，以及对待工作的态度。

"原本以为他是一名稳重成熟的管理人员，但当我看到他办公桌上摊开的几袋吃了一半的零食时，我立刻开始考虑适合这个岗位的其他人选了。"32岁的朱莉是某跨国集团企业的人事总监，做事一向谨慎的她却在上个星期把一个刚刚坐上市场部主管位置的年轻人"炒"出了公司。"我的理由有两个：第一，零食不应该带进办公室；第二，一个爱在办公室吃零食的男人给我的印象是办事犹豫拖拉，立场不坚定，这样的人不适合在一个代表公司形象的部门工作。当然，如果这件事出现在产品设计部或是创意部，我会假装没看见，过后提醒一下就够了，但在市场部，这样的细节绝对不能原谅。"

　　可见，一个人的仪容仪表在一点一滴地展现主人的气质，偷偷地泄露了他的秘密。

　　谈到仪表，人们自然而然地想到服饰和打扮。一个人的外貌天生而就，是很难改变的，但通过用心的打扮、修饰却可以使自己的气质大为增色。由于人的性格爱好不同，所处的环境也各有差异，因此穿着也各有所好。作为一个职业人或一个即将走上职业生涯的人，始终不要忘记，着装打扮、外表形象要为推销自己而服务。

　　为了提升自己的气质，只有做到内外兼修、共同提高，才能有所进步。

第二节　身心健康是培养气质的根本保证

气质不仅影响一个人的身体健康，同样也影响一个人的心理健康。

气质和行为影响健康

　　洪飞是个急脾气，他走路疾步如飞，喜欢用手势说话，甚至敲桌子跺脚，瞪眼睛，经常横眉竖眼的。他总觉得时间不够用，把自己的工作日程安排得满满的。经常一边干这件事，一边又想着做那件事。手下做事他总不放心，事事都想自己干。见手下做得慢或做不好，就心急如焚。他喜欢与人比高低，四十好几了也会同小孩子一起玩，但只能赢不能输。公司组织游玩活动，他总是缺乏兴趣，不是推辞，就是唉声叹气地参加。大家都说他不知享受生活。公司组织体检，洪飞被检查出冠心病。医生说，由于他言行节奏快、性急、易动肝火、争强好胜，总迫使自己处于紧张状态，是最易诱发心脏病的群体。

　　在病理检查时发现，这种气质特征的人，血清胆固醇、甘油三酯酸的浓度高；毛细血管内的红细胞流动缓慢，易于凝聚；激动和紧迫感使血浆中的去甲肾上腺素增多，心跳增快，血管收缩反应激烈，所以易于造成血栓，促发心绞痛和心肌梗死。据调查，洪飞这种气质行为模式者患心脏病的比例高达98%以上，如果你也是这种气质类型，就要小心了，必须有意识地、自觉地改造自己的气质（脾气）才有益于健康。

多愁善感的气质

《红楼梦》中的林黛玉是典型的抑郁质气质，"两弯似蹙非蹙柳烟眉，一双似喜非喜含情目，态生两靥之愁，娇袭一身之病。泪光点点，娇喘微微。闲静时如姣花照水，行动处似弱柳扶风，心较比干多一窍，病如西子胜三分"。她的美总体上来说是带有一点儿病态，是让人怜惜、让人心疼的美。而这和她娇弱多病的身体状况是分不开的。她"秉绝代姿容，具稀世俊美"，最后却凄凉地死于肺结核。

据调查，诗人多愁善感的气质，最易使他们患上这种病。一个人经常压抑愤怒的情绪，易激动，又好高骛远，那就要警惕高血压病；一个人心胸狭窄、抑郁、带有强迫性，这样的人会比其他人更容易得结肠炎；一个人经常压抑自己的情感；有依赖性和挫折感，或者雄心勃勃、非常有魄力，要小心，这样的人容易得溃疡病；如果固执、好胜、嫉妒、谨小慎微、追求尽善尽美，偏头痛会时常发生；如果习惯自我克制、情绪压抑、多思善愁，将有很大概率患上癌症。

气质影响心理健康

谨小慎微、敏感多疑、拘谨呆板、墨守成规、优柔寡断、心胸狭隘、顾虑重重、苛求自己、责任心重、易抽象思维的特征容易引发强迫性神经症。

王主任是个多疑谨慎的人，他做什么事总是顾虑重重、思前想后的。一般人也会在锁门之后产生怀疑自己有没有上锁的现象，但经过确认就会解开疑惑。而王主任的这种情况比较严重，明明确认车门已经上锁，他还是反复几次检查是否上锁了。有一次情况特别严重，他检查了好几次车门确定已经上锁了，可等他进了办公室又开始怀疑自己，最后他终于克制不住自己，派他的下属下楼去停车场检查他的车门是否已经上锁。

案例中的情况已经是强迫性神经症的初步征兆了。而富于暗示性、情绪多变、容易激动、耽于幻想、自我中心、爱表现、矫揉造作、希望得到同情、富于同情心的特征，容易引发癔症。

从气质中察觉健康状况

莉莉是个爱幻想的女孩，容易受到别人的暗示而影响自己的情绪。有一次，她和几个朋友去吃饭，饭后其中的一个朋友说自己感到剧烈腹痛、恶心、手脚麻木，随后出现昏迷的症状，很快她觉得自己也出现了同样的症状，并且昏迷过去。

医院检查的结果是食用四季豆中毒。在治疗两三天后，她和朋友痊愈出院了。可就在这件事过去了一周后，一天下午莉莉突然昏迷过去，而且此后昏迷现象越来越严重，有时一天能昏迷十多次，可是经过各种检查，包括神经系统检查，都表明莉莉不存在生理疾病。

原因何在呢？经过心理医生的诊断，莉莉患的是心理疾病癔症。莉莉从小家庭不幸，父亲生病，靠母亲一人维持生活，母亲的脾气变得非常暴躁，父亲则从来不见一个笑脸，最终在抑郁中去世。所以莉莉从小非常压抑，躲在自我中心的小天地里，靠幻想来发泄自己的情绪。这次四季豆的中毒事件引发了她的癔症，她在受到朋友中毒的暗示之后，出现了自己中毒的症状，并始终没能从中解脱出来，所以出现了反复昏迷的症状。

请记住，健康在于自己的把握。一个人完全可以及时调整自己的气质，并从气质表现中觉察到健康状况的变化，不要等到疾病缠身时才追悔莫及。

第三节　智慧赋予气质灵魂

一个人的气质内涵其实包括了一个人的智慧、见识、修养和能力等许多层面。

气质是一种智慧的修养

智慧是气质不可或缺的养分，"秀外慧中"恰到好处地解释了这个浅显的道理。有气质的人所焕发出的光彩当中，最持久、最深刻的一种便是智慧的修养。

智慧一点点地从内心雕琢一个人，塑造一个人。智慧使人能真正把握好自己，并且从容自信，周身透出脱俗的气质，从人群中脱颖而出。

一位贤妻，在丈夫事业陷于困境时，能从容地带好孩子，同时又能给丈夫营造一种宽松的生活氛围，这同样是一种智慧的表现；一个职业人士，在自己事业做得很出色时，不咄咄逼人，给周围的人一种和风细雨的感觉，这也是智慧的表现。

智慧的人是温柔的；智慧的人是美丽的；智慧的人是超脱的。充满智慧的人就像一杯醇厚的佳酿，外表深不可测，喝一口下去，滋味却在喉头燃烧，让人回味无穷。智慧固然在很大程度上取决于一个人的价值，却绝不是天生的，拥有学识、阅历并善于吸取经验教训会使一个人迅速成长起来。

良好的气质，需要人们根据自身的特点来完善和塑造。这就需要不断地加强自我修养，学习科学文化知识。

高尔基说过："知识如人体血液一样的宝贵，人缺少血液，身体就要衰弱。人缺少知识，头脑就要枯竭。"

文化知识淡薄的人，不管外形多么美丽，充其量只是躯壳。因此，有气质的人应在知识、智力、才能、品格、性情、涵养及道德情操方面多加努力，多下功夫，做到庄子所说"德有所长而形有所忘"。内心丑陋、徒具其表者，使人厌恶。即使相貌平平、衣着简朴，但心灵高尚，也同样会以自己的气质、才干和仪表给人以美的印象。

当然，还不能少了渊博的学识，它不仅影响着气质的深度，更是心灵丰富的标志。

知识与才智是双胞胎，知识的基础过于薄弱，就不会有智慧的闪光。一个人冰雪聪明、玲珑剔透，才会令别人深深折服。所以，有才华的人是能吸引人的。

多看看书，和朋友谈心的时候能侃侃而谈，哪怕是别人的观点，但是用自己的话说出来，别人也会对自己另眼相看。如果偶尔不经意地抛出一两句有内涵、有创意的话，更会给别人以另一番惊喜。

生活在一个极尽声色的时代里，人们很容易落入表象的陷阱。许多人往往误以为仅仅靠着刻意的打扮、精心设计的形象、伪装的亲和力、自我吹嘘的权威身份，就可以吸引众人的目光。事实却并不是那样。拥有真正智慧的人能使自己与市井弄堂间的小聪明小伎俩产生质的区别。有气质的人所焕发出的光彩当中最持久、最深刻的一种便是智慧的修养。

王小波说："智慧本身就是好的。有一天我们都会死去，追求智慧的道路还会有人在走着。死掉以后的事我看不到。但在我活着的时候想到这件事，心里就很高兴。"

公平地说，男女智力是平等的，学习机会也平等，所以他们具备的智慧差不多。之所以有女不如男的假象，是因为智慧的应用领域不同。男子的智慧更多地体现在运筹帷幄、济世安邦上，女子的智慧则更多地体现在宰鱼剥蒜、杀价购物上。智慧固然在很大程度上取决于一个人的价值，却绝不是天生的。拥有学识、阅历并善于吸取经验教训会使一个人迅速变得有智慧。

加强自我修养，塑造良好气质

良好的气质需要我们根据自身的特点来完善和塑造自我。这就需要不断地加强自我修养，学习科学文化知识。

魏明帝时，卫尉卿（官名）阮伯玉有个女儿，嫁给高阳名士许允为妻。阮女能诗善赋，才德兼备，但深目塌鼻，黑矮粗胖，相貌奇丑。许允行完婚礼，进入洞房，掀开盖头，才知道自己娶了丑妇，他一气之下走出洞房，另居书房，再不入内。家里人屡劝不听，都深以为忧。

过了几天，阮女正在窗前读《史记》，忽听外面报说有客人来访相公。阮女便命使女去看客人是谁，使女回报说是沛郡桓范相公，他是许允的好友，经常有书信往来。使女担心地说："老爷独居书房，视夫人如路人，太没道理。如果桓相公再言论夫人，恐怕老爷更不会进屋了。"阮女毫不介意地说："不用担心，桓相公不是那样的人，他一定会劝老爷进来看我的。"使女摇头不信。桓范听了许允的诉苦，果然劝他说："阮家嫁女于你，自是对你有情意。听说阮女容貌虽丑，却很有才德，贤弟万不可因小疵而失大德。"许允无法，只好进了新房。阮女见丈夫进来，万分欣喜，正欲起身迎接，却只见许允来到身边马上又沉着脸要走。她心里又气又痛，便向前拉住丈夫的衣襟，低头说道："你我既已成婚，就是百年夫妻，理应朝夕相处，相敬如宾，怎能长居外屋，刚来即走呢？"许允心里一直不快，现在见她竟然拉住自己的衣襟不让出去，更加厌恶，便生气地质问："古人云：德容工言，妇有四德。你具备了哪几德呢？"阮女抬起头来，从容答道："新妇所缺，唯只容貌。其他女德、女工、女言皆无所缺。然而士有百行，君具有几许？"允傲然地说："百行皆备。"阮女见他毫无谦逊之意，便正色地说："百行之中，以道德为首，你看人只看外表，好色不好德，第一行就不合格，能说是百行皆备吗？"阮女义正词严，使得许允无话可说，面现惭愧之色。阮女见丈夫有悔悟之意，心中暗喜，便请他入座，又叫使女摆酒取菜，与许允对饮。许允见夫人言语温柔，有德有才，也渐渐有了转意，当夜就宿在房中，家里人方转忧为喜。

后来许允为吏部郎（官名），选官多用同乡。魏明帝以为他结党营私，卖官枉法，命武士逮捕了许允。临行前，阮女镇静地对许允说："明主可以理夺，难以请求。这次面见皇上，只要讲明用人选官的道理，万不可一味哀求，那样反会引起皇上的不满，带来大祸。"许允默记于心，随武士去了。魏明帝怒气冲冲地审问：

"先祖武帝一向任人唯贤，你选任同乡为官，结党营私，败坏朝纲，该当何罪？"许允挺身答道："陛下曾说举荐官吏是国家大事，一定要举荐自己熟知的人。臣之同乡，都是臣所深知的贤人。春秋时，祁黄羊举贤不避仇人，不遗亲子。臣虽不才，怎敢忘先皇之训？请陛下派人考查臣所举荐的同乡是否称职，若不称职，臣甘愿领罪。"魏明帝听许允说得有理，就派人去考查，方知许允说的是实话，就又恢复了他的职位。许允深知夫人有先见之明，愈加佩服夫人才德，再也不嫌她貌丑了。

学识越渊博，才智越高，越是风度翩翩。体现学识的魅力并非一定要接受高等教育获得硕士、博士头衔。知识的积累既在书本中，也在生活中。只要我们不断地充实自己的大脑，高尚的情趣内秀必定会转化为外在美，知识性的美会代替浮光掠影的外在美，修养在不知不觉中拥有，气质在一言一行中体现。

第四节　涵养滋润气质的生命

"涵养"二字足够让人琢磨一辈子，学习一辈子，折腾一辈子的。如果对"涵养"有了兴趣，注重涵养会使人终身受益，涵养将放大一个人的生命。

如果遵照哲人的名言："命运掌握在自己的手中"，那么涵养的钥匙一定是掌握在自己手里的。

为涵养付出的努力

你想拥有涵养吗？如果用这个问题去问每个人，回答一定是肯定和明确的。实际上，"想"字并不像回答得那么简单和轻松，"想"的后面需要紧跟着一项"艰苦"的工程，需要用一生的时光来完成的工程。

在美国好莱坞化妆造型学院学习的时候，丹丹常和老师们在一起交流。丹丹喜欢观察他们的生活细节，其中一位精通英语、法语、日语的化妆老师雪莉真的很有魅力。这所学校的学费非常昂贵，每三周一个阶段的课程，学费在两千美金左右。丹丹那时的学习时间很有限，希望能找到一所高水平和高效率的学校，走了很多地方，最后决定选择这所学校。

初次到这所学校时，恰巧碰到了雪莉，一位40多岁的中年女人，她的妆容、服饰和气质一下子吸引了丹丹，至今丹丹仍然清晰地记得那时雪莉是以淡紫色为主色系的装束，整体的服饰给人的感觉高雅又时尚，特别是很专业而层次清晰的紫色腮红、精致而立体的淡紫色的唇形，代表了这所学校的品味和专业水平。果然，这是一所很棒的学校，她也是一位非常出色的老师，她教了丹丹很多，丹丹在她身上也学到和感悟了很多。有一次丹丹向她讨教如何把握世界的流行趋势，她告诉丹丹："最简单的办法是看大品牌的广告。"她说："无论你在世界何地，你要知道流行趋势，你应该留心大品牌的广告。"

雪莉是一个天天都很美，很有韵味，越看越好看的女人，她对饮食、运动、生活方式极为讲究。之后，每一次去美国，丹丹都会见见她，每一次雪莉都会给人惊喜和耳目一新的感觉。

前不久丹丹又去美国，发现雪莉又大大地变了，本来就很明亮的眼睛更加明亮，过去很匀称的体形更加纤细和精致，周身的轮廓明显地收缩了一个尺寸。丹丹惊奇地问她："你怎么一下子瘦了这么多？"她愉悦地告诉丹丹："是瘦多了，不过也健康多了。"她一直是很健康的，丹丹想不出她所说的更健康是什么含义，只是明显地感到，她更有神采，更加充满活力。

由于职业的缘故，丹丹有机会接触到许多风采各异的女性，在观察这些女人时，她有一种非常强的感受：凡是那些特别富有魅力和涵养的女人，一定是为涵养付出了超常的努力。

渴望成功的人，大多懂得为学历、知识、技能等付出大量的努力。同样，如果一个人期望与涵养结缘，就得绷着一股劲。

漂亮和美丽是通过视觉感知，而涵养是需要用心去体味和感悟，是人后天修炼的结果。多年从事美容工作的经验和生活的阅历专家发现，涵养是可以不断修炼、不断获得提升的，每个人都可以让今天比昨天、明天比今天更有魅力。重要的是，你是否认知魅力的重要性，是否愿意不断学习和实践提升涵养的方法，是否能够把提升涵养作为生活的重要内容，并为此做出长期不懈的努力。

涵养是不会偏心任何人的，只有人会自己丢弃它，关键是人想不想要，是不是真的想要，并真的为之付出了努力。每一个人都可以去尝试，从今天开始，只要真的想要，真的努力了，10年后，就会比今天活得更精彩，更有涵养，赢得更多的赞誉。

涵养与教养

都说人应该有教养，什么是教养？教养是文明规范，是文明社会的道德基石。得体的教养，有助于人们获得社会认可和幸福的生活，有助于人与人之间创造积极和谐的社会关系，也有利于表现良好的公共形象。教养的基础，是理解和尊重他人，同时不妨碍他人。教养也是良好的社会规范的表现，不是随心所欲，更不是唯我独尊。

教养是善待他人、善待自己。做一个有教养的人，认真地关注他人，真诚地倾听他人，真实地感受他人，你会发现，尊重别人就是尊重你自己。有教养的人不会在公共场合大声喧哗，有教养的人使用公共厕所一定会主动冲水，有教养的人即便在无人看管的室外公共区域，也不会随意丢弃废物。

真正的教养，不是做给别人看的，而是发自内心的，不是有人看到才会做，没人看到就不做。真正的教养，源自一颗热爱自己和热爱他人的心灵。中国有句古话叫"己所不欲，勿施于人"，或许是对"教养"的最好诠释。教养与习惯紧密相连，良好的习惯久而久之会成为一种自觉的行动，内化为教养。要做到有教养，应该从培养良好的习性开始。和有教养的人一起共事和生活，你会觉得和谐和愉悦，还会常常得到人性的升华和感动。

有一次，眉平和几个朋友在美国优胜美地自然公园旅游，受到美国人热爱露营的感染，他们也简单地收拾了一下车厢，加入了美国人露营的队伍。那是一片原始森林中整理出来的很大的空地，100 多驾车辆，差不多有 100 多个露营的家庭和伙伴，晚上大家支起篝火，炊烟袅袅，像是一个无比热情喧闹的大家庭。人们听着音乐，烤着肉，喝着酒。

第二天清晨，当眉平迟迟地醒来，所有的车辆已悄然地离开了这里。眉平发现这里完全没有 100 多辆车、几百口人宿夜的一丁点儿痕迹，地上没有一点儿废弃的物品，连一张碎纸片、一根吃剩的骨头都没有。用于清洗的水池里没有一点儿残羹废渣，那一刻眉平被感动了。

教养是一种长久融于一身的生活品位和习性、一种源自内心的需求和表达。有教养的人是令人尊敬的，让人愉悦的，使人感到如沐春风。有教养的人说话有分寸，对人不尖酸刻薄，不会为几毛钱讨价还价，不会占小便宜。有教养的人有爱心并善于表达情感，常常赞美祝福他人，而不是嫉妒他人。和有教养的人共处，总像有潺潺溪水流过，让周遭的人们被沁润。

人一定要真心地喜欢自己，接纳自己。喜欢自己，并不是盲目自恋，而是能够认识到自己的缺点，坦然地接受自己的一切，不管是优点还是缺点。真心喜欢自己的人，懂得快乐的秘密不在于获得更多，而是珍惜所拥有的一切。你会觉得自己是那样地受到上天的恩宠，是那样幸福地生活在这个世界。这是一份开放的心境，更是你快乐的始点。具有这样的心境的人，对待生活、环境和周围的人，会自然流露喜悦之情，感动自己，影响他人。

没有人可以确切地知道自己是不是真正的有涵养或受欢迎，但却可以问问自己：我是不是真的喜欢自己？心理学研究表明，要想别人喜欢自己，首先要培养喜欢自己的特性。回想一下，身边一定有些既不漂亮又不富有的朋友，但这些人却是朋友圈子中受欢迎的人，他们就是喜欢自己的人。要提升自己的涵养，就从喜欢上自己开始吧。

第五节　真挚令气质动人心弦

提起气质，很大程度反映在一个人的人格魅力上。能够让一个人具有人格魅力的方法很多，其中最重要的，无疑就是诚信。但是诚信是一个非常宽泛的概念，到底什么样的人才叫有诚信呢？其实，想要成为别人眼中有诚信的人，最简单的就是要让别人感受到你的真诚。

哈佛大学教给学生做人的基本原则，就是无论做什么都要讲诚信，要脚踏实地。因为在一个人的一生中，不诚信是最大的缺憾，它往往意味着一无所获。而在与人交往的过程中，踏实会给人留下深刻的印象，耍小聪明就预示着交不到一个真正的朋友。

在与人交往的过程中，最要不得的就是耍小聪明。想想有谁是真的傻子呢？其实，大家都很精明，想占别人便宜，别人即便不说什么也并不代表他们不知道，只是他们不想说而已。但是这种行为会让一个人的形象荡然无存，更别提什么气质了。因此，耍小聪明是与人交往时最忌讳的。

气质很神奇。当一个人不为外界的物质所羁绊的时候，那么你的气质自然会强大起来。如果为了一点小利益就卖弄自己的心机，你以为你很聪明，但是到最后很可能变成"机关算尽太聪明，反误了卿卿性命"的王熙凤了。

人人都想做个有气质的人，为什么？因为有气质是对一个人最好的赞美。一个人可以长得不好看，但是必须要有气质，这是一个人内涵的呈现。这样的人无论走到哪里，不用说话，也会成为人群中的焦点。想一想，如果一个人总让别人用怀疑的眼光看待，当有一天他的诚信已经为零了，那他是不会有气质的，在别人眼里他也不可能会是一个成功的人，即便他可能很富有。

贪图小利失去诚信

为了一点小利益就耍心眼，无疑是一种丢了西瓜捡芝麻的行为。

路易和杰瑞同是应聘到一家公司的新人。在试用期的时候，两个人工作都很用心。但是试用期过后，公司却只留下了杰瑞一个人。

路易很不服气，于是去找经理理论。经理看了他一眼，把他在试用期期间拿来报销的发票都摆了出来，说："你敢保证这每一分钱都是为公司花出去的吗？"看着这些发票，路易默不作声。

原来，在试用期的时候，路易经常会假借公司的名义去买一些私人的物品，然后报账充公。他自以为做得天衣无缝，却没想到自己的行为早就被发现了。被拆穿了的路易只能默默地离开了公司。

在生活中，像路易这样的人并不少。可能有的人觉得，"大家都在做，为什么我不能呢？不过一点点钱，没有什么大不了的。"确实，这种行为看似没什么，但是会被所有人不齿。这样的人即使有再高的才学，单是贪图小利这一条就注定了其不可能有太大的成就。

想要获得成功，想要有非凡的气质，第一条就是不能耍小聪明，贪图小便宜——那不是聪明，而是愚蠢的行为。一旦这种形象在别人眼中被固定了，那就很难再改变，人生可能也会被波及，受到很大的影响。

很多人之所以不重视诚信，是因为他们不知道自己的诚信到底有什么价值。他们认为，诚信是一个没有什么意义的东西，不会带来什么实惠。其实，诚信是一个人用以安身立命的最宝贵的财富，没有了诚信，将一无所有。

哈佛大学的墙上写着这样的话："企图不劳而获的人，往往一事无成。"这句话绝对不是空口说出来的，而是数代哈佛学子的经验教训。

诚信的作用是很重要的。它的价值在于，人们在评估一个人的时候，往往是通过他的诚信度来观察的。事实上，无论身处哪个岗位，无论年龄有多大，别人在观察和评价一个人的时候，大都都是看这个人做事是否有诚信。

所以，如果认为诚信没有价值，那就大错特错了。在人的所有品质中，最有价值的恰恰就是诚信。忽视了诚信，将是一个沉重的打击。

诚信是处事之道，是一个人生存的根本。不要觉得诚信离人们的生活很远，事实上诚信就在生活之中。

诚信的重要性

人无信则不立，诚信是一个人安身立命的根本，正如孟子所说："诚者，天道也，思诚者，人之道也"，也就是说，诚信是自然的规律，而人类注重诚信，也可以说是出于本性。

曾经有一位商人，突然接到了法院的传票，说是银行起诉他欠债不还。商人十分奇怪，因为自己很有钱，根本没有欠过银行的钱啊。

结果到了法院一看，商人才想起来，原来是十几年前自己曾经办过一张信用卡，透支了不到一百块钱，他把这件事情忘记了。十几年过去了，银行在查账时发现了，于是把商人告上了法庭。

这位商人欠银行的钱虽然不多，这件事也不是他故意所为，但是，这也说明了诚信在现代社会的重要性。这不是钱多少的问题，而是诚信与否。忽视了这一点，就算是只有不到一百块钱的欠债，对一个人来说也将是一个致命的打击。

　　事实上，诚信不仅是一个人人格的体现，同时也能为你带来很多帮助。正如墨子说的，"与人谋事，先人得之；与人举事，先人成之"，"利人者，人亦从而利之"。总结起来，可以说，如果你想从别人那里得到什么，那么你就要先给别人什么。我们常说的"欲先取之，必先予之"，说的也是这个道理。

　　诚信也是人生中非常宝贵的一课，诚信是一个人安身立命的根本，一个不讲诚信的人是绝对不会有气质的，因为他没有"根"。诚信就是一个人的人格之根，只有讲究诚信的人才是一个人格真正高尚的人。如果忽视了诚信的重要性，那么当有一天需要向他人求助的时候，就会发现，没人肯帮自己，也就必然会穷途末路了。

利人者，人亦利之

　　如果一个人讲究诚信，给了别人他想要的，那么别人必定会回报这个人，因为事物都是双面的，今天以诚信待人，他日别人必将以诚信待己。相反，一个人在生活中处处留心眼，处处使坏心，那么别人必然也不会给这个人好脸色看。无论是做人还是做事，都要遵循这个道理。

　　每个人都是自私的，这是人的天性，很难规避。所以，我们在生活中，有些人苛求自己违背自己的想法，那样做出来的诚信是不纯粹的，别忘了"诚信"一词里有个"诚"字，要想拥有诚信的品质，首先要从真诚做起。诚信是相互的，诚信地对待他人，有时候看似吃了亏，实际上自己才是占了最大的便宜，因为心灵会得到很大的提升。

人都是有感情的，如果用诚信待人，必然会让他人感动，自己也会收到来自他人的诚信作为回报。如果你对他人不诚信，那么又有什么资格让他人真诚待你呢？所以说，不要忽视诚信的重要性，因为诚信可能是一个人一生成败的关键。

"利人者，人亦从而利之"，墨子的这句话即使是在几千年后的今天也一样是适用的。只有在满足了他人的需求之后，他人才会用同样的待遇来满足你的需求，这是自然的法则，也是社会的法则。在这个法则中，诚信发挥着很大的作用。懂得了这个道理，也就明白了为什么人人都要讲求诚信，也就知道了为什么忽视诚信会引发极其严重的后果。

如果一个人比别人更具智慧，别人会从这个人的诚信中看出来。聪明人大都是讲诚信的，因为他们知道，不讲诚信会造成多么严重的后果。说得再现实一点，现在如果信用卡诚信记录不好，那么将来无论是买房还是买车，需要贷款，就非常困难了。诚信的重要性由此可见一斑。

很多人都听过这样的话："傻人有傻福""天公疼憨人"。确实，我们做人要诚信，要以诚待人，但是讲诚信可不是犯傻，以诚待人不是傻乎乎地看见一个人就把自己的老底交代清楚。

无论什么时候，我们都要记住一句话："逢人只说三分话，未可全抛一片心。"这不是叫我们不真诚，而是说我们一定要分清楚诚信和犯傻这二者的区别。什么是诚信？打个比方，销售要讲究货真价实、童叟无欺，不漫天要价，这就叫诚信。而什么又是犯傻呢？顾客问了两句，销售员连进货价都告诉了人家，那就叫犯傻。人在社会上生存，必然会遇到很多状况，做什么事都"死心眼"是不可能在社会上长久立足的。

老实说，这世界上能有点成就的人，没有一个是傻子，可人们还是愿意诚信待人，这也说明讲诚信不是犯傻。实际上，诚信非但不是犯傻，反而是人最聪明的处世之道。因为他们知道，诚信能带给他们的，比要小聪明要多得多。就像网络上那位高调宣布自己每天炸油条都换油，绝不用地沟油的"油条哥"。虽然他的油条比别人的贵，但是去买的人还是络绎不绝，他的收入也因此翻了几番。

诚信的尺度

事实上，在为人处事的时候，诚信固然重要，可还有更加重要的事情，那就是自我保护。

世界上从来都不缺少违背道德去行事的人，有时候你觉得自己对别人很好，但是诚信和真心并不是每次都能换来同样的真心。

大多数时候，我们要做的，都是在某种程度上，在不违背自己道德准则的基础上，有尺度地对人讲究诚信。其实，这种做法无可厚非，无论基于什么，最后抛给别人的是诚意，这就好。

诚信有的时候是要看时机和看人的，对待敌人和不以诚信待我们的人，我们就没有必要跟他们讲诚信，因为他们就没对我们讲诚信，这说明他们的人品有问题。

对待这样的人，没有必要客气，用合适的尺度给他们"上一课"还是可以的，否则吃亏的就是自己了。

诚信的价值就是一个人人格的价值，重视它就是重视我们的人格。所以，千万不要忽略生活中的一点一滴，不要忽视诚信对于人的意义。

第六节　优雅、自信、坚持造就迷人的气质

　　"优雅"这两个字，容易使人联想起十七、十八世纪的英国上流社会那些穿着华丽、仪态万方的贵夫人们。

　　但一个人的高雅并非指的是一定要出身豪门，或者本身所处的地位如何显赫，真正的高雅是指心态上的高贵。

自信反映气质

　　在人的诸多优良品质中，"自信"应列于前位，因为考察一个人的品质、修养程度，大多都要看他们的自信程度。在这个社会里，自信非常重要。自信让人神采飞扬，给普通的装束平添韵味；自信给你不凡气质，使出色的你更加光彩夺目，自信源自肯定。生活中没有完美的人，只是在不断追求完美的过程中，经过多年的探索，每个人应该相信自己已拥有协调的整体形象，接下来要做的只是锦上添花。每个人都有过人之处，只要扬长避短就能塑造美好形象。闪光点可以是优雅的气质、"来电"的目光，可以是高挑的个头、匀称的身材，可以是漂亮的皮肤、大大的眼睛、性感的嘴唇、小巧的鼻子……如果有人认为自己从上到下一无是处，有问题的一定是你自己。自信是一种精神状态，它使人的内心饱满丰盈，外表光彩逼人。正所谓水因怀珠而媚，山因蕴玉而辉，人因

自信而美。自信的人从容大度，舒卷自如，双目中投射出安详坚定的光芒。对于那些事业有成的科学家、企业家、作家……以及在舞台银幕上耀眼的明星们来说，自信使他们更美丽、更健康，也更加出色。而街市上那些青春焕发、魅力四射的年轻人们，则用他们骄人的自信，为城市增添了一道道亮丽的风景。不要总是想和别人一样，就做好自己。每个人都是完整而独立的个体，各人都有各自的优点，要是能挖掘这些优点尽情发挥，一定成就非凡。每个人都是别人眼中优秀的人才。我们总在羡慕别人，而别人也在羡慕我们。这就是人类学习、成长的方式。建立在独立自我基础上的你，具有自省的能力，善取善舍，对事业与生活有一套自身处理的原则，你与时俱进，又步履从容。生活在一个文化多元共生的时代，你保留个人的价值判断，不等于你就没有容人之量，你理解不同的人对生存的不同选择，尊重在不同生存方式背后的个人意志。要相信自己，坦然面对注视。自我成功与重塑命运的工具是相同的—信心与爱心。人性的美丽在于人的个性，在于人的迷人的个性，当然，是能够吸引人的个性。

坚持彰显气质

　　曾经有记者再三要求王家卫摘下他那副已成经典标志的黑色墨镜。王家卫摇了摇头，对他说了一句话："记住，做一个导演，应该学会坚持。"没错，做一个好导演需要坚持，做一个有优雅的人更要坚持。坚持是对自我风格的最好维护。

　　一个举止优雅的人要懂得应用各种方式来塑造自我形象。为此，必须学会让自己的形象在别人的心里持久下去，而不是轻易地去改变。造就一个暴发户只需要一个晚上，而成就一个雅人则需要长久的沉淀和积累。同样，造就一个漂亮女人只需要 10 分钟，但成就一个气质魅力的女人，则需要很多年的不懈努力和坚持。

全面评价一个人的品位与涵养，外表虽然只是一个很小的方面，但往往却是最直接也是最关键的。妆容、发型、服装，乃至一只手表、一对耳环，都直接折射出这个人对生活的要求和时尚的品位。它们就像一面忠实的镜子，将人的情趣、修养以及格调清清楚楚地映照出来。

真正有气质的人，从来不盲目地追随街头的潮流。真正有气质的人，只会让自己的手指看起来自然、健康、鲜亮，好像很普通，其实却是精雕细琢于无痕。这样的东西才具有永恒的魅力！

穿衣也是这个道理。真正优雅的人，穿的衣服不刻意彰显颜色款式，不张扬夸张，却可以让人细细品味。这类人永远不会拒绝享受流行所带来的乐趣，但又懂得在自己和流行之间保持一定距离。

第七节　透过气质识人才

唐朝贞观年间的礼部尚书裴行俭善于识别人才。他任吏部侍郎时，王遽和苏味道都还不出名，裴行俭一见到二人，就对他们说："二位今后将先后担任选拔管理官吏的职务，我有一个年纪还小的儿子，希望托付给你们。"当时王遽的弟弟王勃和华阳人杨炯、范阳人卢照邻、义乌人骆宾王都因为文学方面的才能而享有盛名，司列少常伯李敬玄非常看重他们，认为他们将来一定会显达。裴行俭则不这么认为，他说："读书人担任重任在于大器，首先得有气量见识，然后才是才艺。王勃等人虽然有文才，但气质浮躁浅漏，哪里是享用高官厚爵的材料呢？杨炯气质略微宁静沉稳，应该可以做到县令。其余两个人能够善始善终也就万幸了。"

　　不久果然应了裴行俭的预测：王勃渡海时落水而死，卢照邻因患绝症不能医好自己投水而死，骆宾王因为参与谋反被杀，杨炯最后做到盈川县令。王遴、苏味道都担任了掌管选拔管理官吏的职务。

　　在这里裴行俭实际上就是从气质特点上识别人才的。

　　尽管一个人的气质并不能决定他能干什么，不能干什么，但也应该看到，气质能决定一个人干什么比较容易胜任，干什么不容易胜任。因此在用人之前，弄清一个人的气质类型，尽量将其安排在易于发挥他的气质特长的岗位上。

　　识人的最高境界是识人于未发达之前，古往今来，能够达到这种境界的人不多。其实这也不是什么太难的事，不同的行业、不同的岗位需要不同气质的人才，只要把不同行业、不同岗位所需要的气质和知识结构，与在岗的或正在向这方面发展的人的气质和知识结构相对照，大体就可以知道这些人将来是个什么结果。所以说，从气质上识别人才是有一定道理的。

　　性格是可以塑造的。我们知道，影响人的性格的因素除了人的心理素质之外，还有人的社会实践。人的性格随着社会实践的发展与变化，也会发展和变化的。比如，一个性格开朗、热情的小姑娘，如果长期处于一种压抑、紧张的环境下，就可能对她性格的发展产生某种消极的影响。如果在人生道路上遇到某种突然变故，如失恋、婚变等，加上不善于正确调节自己的情绪，性格的发展就很可能走向自己原有性格的反面。反之，一个性格软弱的人，身处一个团结、坚强的集体中，性格必然也会受到影响而逐渐变得坚强起来；一个性格忧郁的人，身边有几个热情开朗的朋友，有着共同的追求和共同的语言，也一定会受到某种程度的感染从而改变。所以，与人的心理素质相比，人的社会实践对性格具有更重要的意义。毫无疑问，美好的性格要通过美好的行为来塑造。

第 4 章

潜意识助你释放潜能量

作为一种社会性的动物，每一个人都存在潜意识。那么潜意识到底在人的意识中占据着什么样的位置呢？如果将人类的整个意识比喻成一座冰山的话，那么浮出水面的部分就属于显意识的范围，它大约只占到意识总量的5%，也就是说，另外那95%隐藏在冰山底下的意识就属于潜意识。

大家可能不理解这个5%和95%之间的关系，但是就算是爱因斯坦、爱迪生这样的天才人物，一生中也不过运用了不到2%的潜意识力量。因此，任何人，不论智商高低，身家几何，也不论目标是唾手可得还是遥不可及，只要懂得善用这股潜在的能力，那就一定可以将愿望具体地在人们的生活中实现出来。

第一节　潜意识的由来

弗洛伊德认为，潜意识是人类固有的一种动力，是一种与理性相对立存在的本能。在他看来，人类有一种趋利避害的本能，也就是追求享受的、幸福的、满足生活的潜意识。潜意识虽然看不见摸不着，却一直在不知不觉中控制着人类的行为，控制着人类原本具备却忘了使用的能力—潜能力。在适当的条件下，潜意识可以升华成为人类文明的原始动力。

潜意识的特征

潜意识所具有的五大特征：

◇能量无比巨大：博恩·崔西说：潜意识是显意识力量的三万倍以上。

◇比较容易受图像方面的刺激。

◇一旦接受便不识真假，直来直去，绝不打折扣地执行，说什么就做什么。

◇人不能觉察到，只有通过催眠才能开发。

◇放松时，最容易进入潜意识。

有科学研究证明，脑的前额叶不仅与意识和思维等心理活动有关，而且与调节内脏器官活动的下丘脑之间也存在着紧密的纤维联系。这种结构上的联系，可能是人类能主动利用意识和意象来调节和控制内脏生理功能的主要物质基础。

潜意识对调节和控制人体的呼吸、消化、血液循环、免疫反应、物质代谢以及各种反射和反应均起着很大作用。许多研究证明，在催眠状态下暗示身体处于不同状态，代谢率就出现相应的变化。如催眠暗示正在从事重体力劳动时，代谢率可上升 25%；应用自体发生训练法进行自我催眠，使身心放松后，代谢率比平时的安静状态降低 15% 至 20%。

当然，潜意识也不是盲目的。意识和潜意识之间存在着沟通和联系，但用意识控制潜意识的能力，每个人是不同的。同时，观念的形成是外因通过内因起作用。在内因方面，主观检验的水平由个人的智力结构和素质而定。如果将人类的整个意识比作一座冰山，那么浮出水面的部分就属于显意识的范围，它们只占意识的 5%，也就是说，95% 隐藏在冰山底下的意识就属于潜意识的力量。这仅仅是理论值，就目前只用到很少脑细胞的大脑，其耗氧量已经占到全身耗氧量的四分之一，所以全部使用是不可能的。因此，在运用潜意识时，就要进行有力的开发。

第二节　把"不行"和
"不敢"踢出大脑

从心理学上说，许多人没能成功，不是因为他们不具备成功的前提和必要基础，而是因为他们不敢成功，或者因为他们潜意识里就认为自己一定做不到。许多人并不相信自己能够成功，他们在自己的潜意识里总觉得自己做的任何事情都是要失败的，他们根本没有勇气去和别人（特别是在某些方面比较优秀的人）竞争。正是因为如此，消极、负面的心理在潜意识中慢慢滋长，从而形成一种难以改变的认识习惯，"潜意识失败者"由此形成。这种消极的心理暗示一旦形成，那对于任何事情来说，这样的人都是没有动力的，他们要么是做不到，要么就是不敢去做。

潜意识的失败者

一个人的"自我内在"非常幼稚和脆弱，非常容易被"消极的暗示"影响甚至左右。这样一来，在某些特定因素的进一步引导之下，他便会产生自己不如别人，无法赶上别人的负面心理和情绪，从而进行自我否定，事事都自惭形秽，不敢积极主动地去表现自己的能力和才华。最为严重的是，当一个人的内在消极心理暗示形成一种难以改变的习惯之后，不管以后做什么样的事情，他都只能是将这件事情做得更加糟糕。生活中这种情况随处可见，有些人明明具备了做某事的能力，却因为"我不敢"和"我不行"而错过良机。

菜西从加州理工学院会计专业毕业后，来到了某银行，一直兢兢业业地工作。在这家银行干了五年之后，菜西突然有了跳槽的冲动。这时，刚好另一家银行在当地设分行招人，并开出了丰厚的待遇，菜西心动了。

几天后，菜西到那家银行进行了面试，对方对她颇为赏识，也寄予了很大期望，希望她能尽快过来上班。但让人不解的是，在没有任何客观原因的情况下，菜西竟莫名其妙地放弃了这个企盼已久的机会，她决定还是在原岗位继续工作。

原来，就在菜西准备去入职的前两天，有同事对她说，那家银行对职员的要求非常高，每年的考核都非常严格和无情。听到这个消息后，莱西变得非常不自信，她既害怕无法顺利通过试用期，又害怕年终考核的时候无法通过丢了面子。所以，一番思考过后，她决定还是安安稳稳地待在现在的银行，丝毫不顾对方已经发来的入职邀请——而这正是对她能力的肯定。

这就是"潜意识失败者"，有很多人在害怕失败的同时，隐约还有害怕成功的微妙情绪。这也是人类普遍存在的一种心理暗示现象。在即将取得的成功或是得到目前想要的东西时，一种莫名的潜意识会阻止人们去实现它：既想取得成功，但真正面临成功的时候，却又总伴随着心理迷惘；既自信，但同时又自卑；不仅躲避自己的低谷，也躲避自己的高峰。这种"潜意识失败"发展到极致，就是"自毁情结"，即面对荣誉、成功或幸福等美好的事物时，总是浮现"我不配""这怎么可能是我的"的念头，最终与成功的机会擦肩而过。

那些自以为怀才不遇的人总是在抱怨别人如何不赏识自己，那些悲观厌世的人则总是在责怪社会是多么黑暗，而那些命运多舛的人则总是责怪上天对自己的种种不公平。在他们看来，别人只靠运气就可以呼风唤雨、如鱼得水，自己却运气差得只能被社会遗弃在角落里。

汤姆是南加州一位业绩出色的电器类销售经理，但是最近几年，他却一直没有得到晋升。因为在领导眼中，汤姆是一个"有他不多、没他不少的人"。对于这样高不成低不就的状态，汤姆在心理上是非常不平衡的，他认为自己在公司受到了不公正待遇，因为他不是公司内部元老们的亲戚朋友。他的好朋友怀特让他去跟经理好好说一说这件事情，也许公司是有一些打算，或者是一些汤姆不知道的原因。

汤姆非常伤感地说道："哦，不必了，你也不用劝我了，即便我把公司制造的家用电器全部卖掉了，他们也不会理我的，我知道那帮人是怎么想的。"

这就是一位典型的"潜意识失败者"，放弃本来应该争取和上诉的权利，就是在这样的情况下，"潜意识失败者"们开始了自己的怨恨、愤愤不平以及对社会现实的强烈不满。

其实问题就出在他们主观的"我不行"情结上。在他们的潜意识中，已经种下了"自己必然会失败"的悲壮种子，这体现在他们的外在方面上，就是将所有的社会责任全都归咎于社会大环境。一旦在社会大环境中有任何的风吹草动，他们就会出来扮演一个可怜的受害者角色。

"潜意识失败"反映了"对自身伟大之处的恐惧"的情绪状态，导致人们不敢去做自己能做得很好的事，甚至逃避发掘自己的潜力，说白了就是不敢向自己的最高峰挑战。正是这种自我潜意识的失败定位，往往会将一个人从根本上打倒。对于那些"潜意识失败者"来说，他们经常在内心对自己说"我不行"，也正是出于这样的原因，他们才不敢去迈出第一步，也就永远无法实现自己的梦想。比起那些尝试过很多次仍无法避免失败命运的人来说，"潜意识失败者"是更为可怜的，虽然看起来他们什么也没有做，也并没有付出任何东西。

在现实生活中，人们为了隐藏自己的真实个性和想法，有时候不得不迎合社会中普遍流行的观点和行为方式。比如视天真纯情为幼稚可笑，视诚实为轻信，视坦率为无知，视慷慨为缺乏判断力，视工作中的热情为懦弱，视同情心为廉价和盲目，等等。但是，这些人在保证自我安全的同时，也就放弃了对自我快速成长的追求。面对无处不在的社会力量，只有少数敢于打破平衡的人，认识并克服了自己的"潜意识失败"，承担了该承担的责任和压力，最终抓住机会并获得了成功。

增强自信，克服潜意识失败

对于"潜意识失败者"来说，培养自信心是最重要的。因为自信心作为人的一种精神状态，它可以调整一个人的内心世界，并且自信心是自身通过接受无穷无尽的智慧方法发展而来的。可以说，它是一种能使无穷的智慧力量配合人们明确目标的适应性表现。换句话来说，自信心就是一个人发挥其气场的"电源"，是让一个人将想法付诸行动的不竭动力。在对待自信心方面，一个总是取得成功的人，总能够有效地控制自我思想并将其自信地表达出来。而对于"潜意识失败者"来说，即便他们具有横溢的才华，往往也会在这个关口上出现某种或大或小的差错，而这一切与他们的学识是没有关系的。

当然，这种"潜意识失败"是可以纠正的。如果自己有时也会感觉"我的观点是错误的"，或者遇到更为严重的表达和实现障碍的时候，就可以按照下面三个简单步骤重新恢复自己的自信心：

1.将事情本身的对错抛开，勇敢地表达出自己的思想，并使这种思想和一项或多项基本行为动机相结合。

2.在实现欲望之前，制订一个明确而且非常详细的实施计划和方案。

3.马上实施这个计划，并通过自己的不懈努力，使这个计划最终顺利完成。

无论自己的方案、计划或其他任何行为及生活的方法正确与否，只要能从中学会展示信心的基本行事风格，就可以通过长时间的努力，使潜意识中的失败情绪和自卑情结得到逆转。

失败的关键在于潜意识中的"不敢要"和"做不到"，那么成功的关键则在于一定要在潜意识之中相信自己是能够成功的。

其实每一个人身上都有别人所不具备的优点，只要能将这些优点充分利用，这便是实现自身梦想的正能量，这一点就可以成就一个精彩的自我。而要实现这一点的关键，就在于人们要及时转变自己的观念，经常在潜意识里跟自己说："我一定行"。如果能尽力战胜自己的"潜意识失败"，逼迫自己不断挑战自身的高峰，总有一天会发现，所有自己曾经畏惧的东西，都已经被踩在脚下了。

第三节　只给自己正面的暗示

自我暗示是指透过五种感官元素给予自己的心理刺激或暗示。它是人的心理活动中，在意识思想上发生的部分与整体潜意识行动的沟通媒介。它作为一种提醒、启示和指令存在于这个世界上，它会告诉自己追求什么、注意什么、致力于什么和怎样行动，从而能够影响和支配一个人未来的行为。

积极心态和成功心理的核心内容就是自信主动意识，或者被称作积极的自我意识，而自信意识的来源和成果就是经常在心理上进行积极的自我暗示。反之也一样，自卑意识、消极心态，就是经常在心理上进行消极的自我暗示。可以说，不同的心态和意识会有不同的心理暗示，而心理暗示的不同也是形成不同心态和意识的根源。所以说心态决定命运，正是以心理暗示决定行为这个事实为依据的。

自我暗示作为一种影响潜意识的最有效方式，它本身已经超出人们的控制能力，从而实现对人们心理、行为的指导。

自我暗示有着不可思议和不可抗拒的巨大力量。著名心理学家普拉诺夫认为，暗示的结果使人的兴趣、心境、情绪、爱好、心愿等方面都会发生巨大的变化，从而又使人的某些生理功能、工作能力、健康状况发生变化。

自我暗示的作用还影响人的意志和情绪、经历之中出现的不良暗示信息，只有通过不断的自我暗示，才可以将其替换掉。消极的自我暗示和不良的自我暗示，都会导致一个人事业上的失败。

一个人如果允许让一种主宰意念停留在自己有意识的心智之中，自我暗示的机制就会等这些意念传达给潜意识，并对潜意识产生影响。如果一个人能以"正确的意念"去刺激、激发和占据知觉意识，这个时候在潜意识之中便可以"接收它"。当你开始思考如何能够成功且不断地用相同的方式和特性去发觉和思考它们的时候，必定会做出一番大事业。

自我暗示，可以大声地说出来，也可以默不作声地进行，还可以在纸上写下来，更可以歌唱或吟诵。自然，作经常性地意识到自身正在告诉自己的一切，选择积极、扩张的语言和概念，就更有可能创造出一个积极的现实。

暗示自己是最棒的

自我暗示会移转潜意识的排序，从意外事件、机会命运和时机的人生舞台中，吸引无穷智慧的支援，并把它变成一个程序，使人借此通往累积成功经验的正确目的地。在这个时候，人们进行自我暗示的唯一原则就是只给自己一种好的、正向的暗示。通过这种正能量的不断积累，人就会离成功越来越近。

内特是某公司的员工。刚到公司时，他比较内向，也不懂得自我鼓励，因此总在低端岗位上徘徊，对此他也非常苦恼。

他向自己的伯父请教。伯父教导他："如果你自己都不重视自己，怎么想让别人重视你呢？"听到这里，内特豁然开朗，在这之后，他经常暗示自己是最棒的，在工作上表现的也是更加积极认真，他的变化得到了公司上下的一致认可。经过一段时间的努力后，内特终于得到了大家的认可。

当在工作生活中遇到了挫折或是其他烦恼的时候，很多人都会感到烦躁甚至痛苦，在这种情况下，想要保持良好的情绪就不是一件容易的事情了。这时，不妨给自己一种积极的自我暗示，将这些生活中的小挫折看成是前进路上的一种磨砺，这样就能乐观地对待它，同时这既能让你避免烦躁情绪，还可以给自己新的评价。

在1983年的美国，曾经有一位击剑运动员要参加比赛，但是当他知道即将举行的比赛中将要遇到一位曾经两次击败过自己的古巴选手时，他因为缺乏信心而产生了退赛的念头。为了帮助他恢复信心，心理学家为他反复播放一段讲话。在这段讲话中，反复叙述的就是在未来的某场比赛之中，那名古巴选手一见到他就害怕的情景。他在听了几十次之后，越听越觉得有道理，于是便从恐惧的情绪中解脱出来，并在这次运动会上战胜了那位古巴选手，夺得了击剑冠军。

当面对自身存在的缺点或失误的时候，如果不能面对现实，甚至一味逃避现实，就难以排解自己心中的苦闷。这时，人们需要的是给自己一个正向的心理暗示，将自己的不利变成有利，让自己从烦恼中解脱出来。在这个过程中，正向的暗示便会不断地积累。

正是通过这种正能量的不断积累，积极的正向暗示会不断地增加，从而帮助人们更好地来评价和鼓励自己，让自己从自身的不足或是事业的挫折中，看到自身存在的好的一面，进一步增强自己的自信心，为此后生活上和事业上的成功奠定可靠的基础。

正面心态能给予生命以力量

著名作家罗勃·史蒂文生曾经这样写道:"从现在起一直到我们上床,不论任务有多重,我们每个人都能支持到夜晚的降临。不论工作多么艰苦,每个人都能做完当天的工作,都能很开心、很纯洁、很有爱心地活到日落西山,这就是生命的真谛。"这句话很有道理,生命对每个人的要求就像史蒂文生所描述的那样正面、积极。

这个故事是关于薇拉·汉娜的,可以说她的经历既有趣味又有意义。战争年代,汉娜的丈夫驻守在加州莫哈维沙漠附近的陆军训练营里。为了离爱人更近,汉娜也搬了过去。

"我很不喜欢那里的环境,"汉娜说,"我甚至对那个地方深恶痛绝,尤其是我丈夫出差的时候,我一个人住在那间破屋子里,感到非常烦恼。更让人受不了的是沙漠里的天气,哪怕在非常大的仙人掌荫里,温度也不会低于40℃。除墨西哥人和印第安人之外,我找不到可以说话的人,但即便是这些人,也不会说英语。那里整天刮风,吃的食物里都掺杂了沙子,呼吸的空气中也都是让人心生厌恶的沙子。"

"我的生活因为烦恼而变得很糟糕。我写信告诉父母我想回家,我无法忍受这里的一切,一分钟也待不下去了。没过多久,我收到了父亲的回信,上面只有短短的两行字,但它们却永远留在我的记忆里,并且改变了我的人生。这两行字是——两个人透过监狱的铁栏向外望去,一个人看见烂泥,另一个人看见星星。"

汉娜在心里把这两行字反复念了好多遍,心中充满愧疚,并从此改变了对生活的看法，打算用自己的眼睛去发现身边那些美好的东西，她也想去看星星。

于是，汉娜开始尝试着跟当地人交朋友。让汉娜没有想到的是，这些人表现出了令人惊讶的友善和好客。汉娜甚至刚表现出对他们编织的布匹和制作的陶器的兴趣，他们马上就将自己舍不得卖给观光顾客的东西送给了汉娜。后来，汉娜还看到了她曾多次看过的仙人掌和丝兰，她第一次发现，那些植物的形态和颜色是如此让人着迷。此外，她还学习了很多有关土拨鼠的知识，还踏着沙漠上的余晖寻找贝壳，这里的生活开始让她感受到了那种生动有趣的浪漫情怀。

是什么让汉娜发生了如此大的改变呢？莫哈维沙漠没有变，印第安人没有变，那里的植物、沙子和气候也没有变，是汉娜自己的心态在改变，以前在她眼中那些令人沮丧的事物现在变得充满了意义。这种经历让她兴奋、感动。这就是正面心态的意义，它赋予人们的生命以正能量，重新给了人们一双发现星星的眼睛。汉娜从自己内心监狱的铁栏往外看，她找到了自己天空里的星星。

第四节　未来会按照你脑海中的画面预演

对于未来，每一个人的头脑中都会有一个自己的画面。可以说，一个人的未来，就是那个经常在头脑中显现的画面。一个人想要得到什么，就去想什么，头脑中的画面会帮助人们去实现自己的愿望。梦想成真的光明大道将会引导人们走向幸福、快乐。正向思维的精髓就是：只要去想好的事情，就会感觉到好的事情在发生。

梦想中的那种人

当头脑中有了对于未来的期望之后，人们就会为之不断地去努力拼搏。这就是一种对自己未来的展望，也是一种不断拼搏，创造未来的精神力量。

茉莉亚是纽约一家服装店的售货员。平时，她的工作非常轻松，但是茉莉亚不想一直做这份工作，做一个商店售货员可不是她的梦想，她希望将来成为自己梦想中的那种人。这家店的店主人是一位女老板，她不仅在经营自己的店面方面很有一套，而且在各个方面都做得堪称完美，茉莉亚的梦想就是成为一个像自己老板那样的女人—独立而优雅。但是就目前的生活状况来说，她

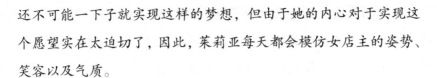

还不可能一下子就实现这样的梦想，但由于她的内心对于实现这个愿望实在太迫切了，因此，茉莉亚每天都会模仿女店主的姿势、笑容以及气质。

在纽约城中，这家店是比较有名气的时装店，经常来这里的人都是一些上流社会的女人，她们都是非常有钱的人，气质打扮绝不是一般市井小民所能比的。此时的茉莉亚已经抱定了当老板的决心，她觉得自己并不比别人差，那样的生活是完全可以通过自己的不懈努力实现的。于是，她学习那些上流社会女士的言行举止，开始多方面地模仿她们。茉莉亚不仅服务态度好，而且气质也很出众，所以很多女士都非常喜欢与茉莉亚交流，那些女士经常会当着女老板的面夸茉莉亚，茉莉亚则在暗地里将自己努力的方向朝她们靠拢。此时的她，已经将自己想象成是这个店的女老板，或者是那些举止雍容而又优雅的女士，渐渐地，茉莉亚身上就有了那些气质。后来，老板在扩大时装店的规模之后，就将店面交给了茉莉亚来打理，她真的成为了这家时装店的老板。

想要成为什么样的人，就要将自己想象成什么样的人，这就属于意识成功法。人的意识会催动人的行为，迫使人去行动，而想法决定行动，行动改变命运，每一个人本就是不平凡的。

当一个人从内心认定自己优秀的时候，他必然会有优秀的表现。因为一旦改变了自己的思想，这个人的气场就会改变，一种正能量就会在这个人的身上显现。

每个人的命运都是掌握在自己手中的。不论现在身在何处，也不管生命中发生过什么，每个人都可以从现在开始，有意识地进行自我暗示，进而改变自身的命运。

积极的自我暗示能够产生一种正能量，在这种能量的指引下，人们能够在历经磨炼之后获得他们想要的智慧和未来，这是一种法则。人能获得的最高智慧就是对自己的未来充满希望。要时刻对未来持一种乐观态度，因为人本身的渴望和存储的力量将为未来指明方向，驱动着人向人生的目标执着地前进。

问问自己，生活是什么样子？忙碌，悠闲，懒散，抑或是得过且过，处于挣扎徘徊中？在深陷迷茫困惑时，在静静沉思之时，有没有想过是什么左右了自己的情绪，裹挟了自己的命运，决定了目前的状况？其实，这一切都是由人内在的思想决定的，也就是说，每个人的现况其实都是自己思想的结果。

这并不难理解。人的思想或者说是意识，首先来源于客观世界，又反过来作用于客观世界。人的头脑通过五官的作用感知到客观世界，然后对其加工形成感觉，再对感觉进行思考，形成一种根深蒂固的观念认识，也就是常说的思想。而思想又会刺激人的情绪，指挥人的行动，从而作用于外部的客观物质世界，这一过程的循环往复，便走完了人的生命历程。

在生活中，不难发现这样一种现象：越是觉得自己幸运的人，他就会越"走运"，进而工作顺利，生活幸福；越是抱怨生活的人，心情越糟糕，行为越偏颇，进而越来越不受人欢迎，生活境遇也会越来越差；越是拥有正能量、每天阳光快乐的人，他们的生活越是充满欢歌笑语；越是自卑的人，越是对自己没信心，做事情越容易失败。

最杰出的击球手

毫无疑问，一个人有什么样的思想，就有什么样的人生，无论他现在打算做什么事，无论他身处怎样的境地。因为只要真正地改变想法，就有望改变人生。

男孩比利头戴球帽，一手拿着球棒，一手抓着棒球，全副武装地走到后院。"我是世上最伟大的击球手！"比利自信满满地对自己说。然后，他便把球往空中一抛，看着球落下的角度用力挥棒，但却没有打中。比利毫不气馁，继续将球拾起，又往空中抛去，然后大喊一声："我是最厉害的击球手！"他再次挥棒，可惜还是落空了。比利愣了半晌，仔仔细细地将球棒与棒球检查了一番。第三次练习开始了，这次他仍告诉自己："我是最杰出的击球手！"他终于成功了。"哇哦！"比利突然兴奋地跳了起来，"我真是一流的！"

这就是个人思想的力量。只要你相信自己能行，那么它就会告诉你："你真的可以！"

面临挫折和阻碍时，如果总想着自己办不到，想着失败，不愿意去面对，并寻找各种各样的借口来为自己做辩护，甚至是自己吓唬自己，那么思想便会接受并强化这些困难，并制造一堵"你注定失败"的墙。毫无疑问，这样下去人会变得更不自信，更悲观，更没有勇气，这样的人会害怕尝试，害怕承担责任，害怕失败带来的痛苦，直至放弃一切梦想和目标。在艳羡他人成功快乐的同时，得过且过，最终一事无成甚至是一败涂地。

相反，如果一个人的内心足够强大，正能量足够强大，那么在一开始便会想象最完美的结局，并采取积极的行动，做最有效的准备，寻找各种可能实现梦想和目标的途径。那么，整个人都会在不知不觉中强大起来，自信乐观、阳光快乐、功成名就、万事顺心。

拿破仑的孙子

能量场是一个奇妙的东西，对于人们来说，对自己的积极心理暗示就是一种正能量的表现。通过这种正能量在思想上的积极暗示，将自己的思想与实际的行动保持一致，从而让人们产生一种前进的动力。只有每天保持这种自我思想激励，才能够把控自我的意识与思想。

故事发生在很多年以前。一位叫亚瑟的青年在河边发呆，这天是他 30 岁生日，可他不知道自己是否还有活下去的必要。亚瑟从小在福利院里长大，身材矮小，长相平庸，讲话总带着浓重的口音。因为这些，他非常自卑，认为自己是一个既丑又笨的乡巴佬。结果，他的这种自我否定让他连最普通的工作都难以应聘成功，因为没有老板喜欢一个悲观、沮丧、缺乏自信的员工。

就在亚瑟徘徊于生或死的时候，一个与他一起在福利院长大的好朋友兴冲冲地跑过来对他说："亚瑟，告诉你一个好消息！"

"好消息从来就不属于我。"亚瑟一脸悲戚。

"不，我刚刚从收音机里听到一则消息，拿破仑曾经丢失了一个孙子。播音员描述的相貌特征，与你丝毫不差！"

"真的吗？我竟然是拿破仑的孙子？"亚瑟一下子精神大振。联想到"爷爷"曾经以矮小的身躯站在千军万马之前，用带着口音的法语颁布法令，他顿感自己矮小的身躯同样充满了力量，就连他讲话时的浓重口音也带着几分高贵。

第二天一大早，亚瑟便满怀自信地来到一家大公司应聘，他竟然一次就成功了。凭借内心思想激励带来的卓越表现，亚瑟获得了良好的业绩以及人际关系。20 年后，他已经成了这家大公

司的总裁，即使他后来知道，当年朋友骗了自己，但这早已不重
要了。

一个自己都从内心否定自己的人，难以得到他人的肯定。正是在正
能量的带动下，青年亚瑟从思想的深处对自己有了信心，才能从一个一
无所有的人变成了大公司的总裁。这个故事告诉人们，想要获得成功，
就应该让自己的思想转向积极的方向，重塑自我。

要记住，每一个人都是有思想的，这种主观评价是对自己最好的认
识，只有主观意识才能够让自己积极行动起来，去实现自己的理想。如
果我们的眼睛在平日里总是看着别人的优点，那么一不小心就会忘却自
己的美丽。

总之，一个人有什么样的思想，就会有什么样的行为；有什么样的
行为，就会有什么样的生活、什么样的人生。关注什么，相信什么，便
会吸引什么。每个人身上所发生的一切事情，无论好坏，都是自己的思
维和想法作用的结果，每个人的思想时刻都在产生和传递某种信息，影
响周围的事物，促使它们朝着我们希望的方向发展。

所以，一定要让自己的思想充满健康、平和与和谐的因素，必须让
自己时刻充满正能量，从而根据自己的期待，为自己带来相应的未来。

第五节　用自我暗示来重塑性格

有些人认为性格与生俱来，是没有办法加以改变的，但事实真的是
这样的吗？针对这个问题，科学家们进行了反复的研究，研究结果表明：
决定一个人性格的因素主要包括遗传和环境两个方面，其中后天的环境

因素更为关键。由此也就说明了一个道理，每个人的性格、气质、品行和天赋，大都是在后天的学习过程中得到的，而且在性格形成的过程之中，暗示起到了非常重要的作用。

一个人从出生开始，周围的环境就在不断地对他进行影响。如果这个孩子的母亲是外向型的，那么她会不停地引逗这个孩子，努力让孩子做出一种积极的反应；如果孩子的母亲是内向型的，那么她会久久凝视这个孩子，较少跟孩子说话。毫无疑问，由这两种不同性格的母亲培养出来的孩子，一定会带有她们的性格、行为方式和待人处世风格上的痕迹。

性格并不是一成不变的，人们可以通过积极的自我暗示来对性格进行重新塑造。一个人在年轻的时候并不擅长言辞交际，当时必然朋友很少，不过，他仍旧可以通过后天的努力慢慢改变这种性格。在此期间，他要做的就是有选择地找那些谈得来的朋友进行交往，从他们那里得到积极的暗示。在与之交往的同时，他还应该尽量清除自己的心理障碍，克服说话时的紧张感。通过不断的心理暗示，让自己不再理会这些本来让他烦恼的问题。这样，经过一段时间的努力之后，他的性格就会发生改变。这就是心理暗示不断叠加的结果。

当然，"暗示"是要分为积极暗示和消极暗示两类的。积极的暗示是一种正向的鼓励，由此可以学会更多对自己有益的事情，并形成一种包含乐观、开朗等正向力量的性格。

悲观的人无可救药

消极的暗示则是心灵的腐蚀剂，使人自私、情绪低落、产生自卑和自弃心理等，并逐渐形成一种包含悲观、扭曲等负面力量的性格。

　　一个人从小就生活在一种悲观压抑的生活状态下，由此也就形成了一种悲观的性格。有一天，这位悲观的人不小心掉下了悬崖，情急之下他一把抓住了崖壁上的石缝。这个时候，他进退两难，只有祈求上帝显灵了。这时，上帝真的出现了，他用法术召唤了一个飞毯，并对这个人说："飞毯就在你正下方，你可以松开手了。"但是，这个人此刻却变得悲观、多疑起来，他想自己一定不能松开手，因为他认为一松开手就会摔下万丈深渊。于是，上帝无奈地走了，而他也错过了这个最后的求生机会。

　　可见，当一种悲观的暗示在心头萦绕的时候，就是"上帝"也没有办法拯救他们。在生活中，最糟糕的情况就是一个人的性格总是被一种不好的暗示左右，进而让自己陷入悲观绝望之中。其实，只要换一个角度思考问题，用积极的自我暗示指导自己，就能让自己的性格充满正面力量，迎接新的环境。

装着好心情，坏心情自然会消失

　　性格乐观的人，遇事能够"想得开"，在不快乐的事面前也可以用积极的暗示来创造快乐。

　　杰西总是一副沮丧、无精打采的样子，哪怕一件很小的事，也会引起她的不安、烦躁，这几乎已经成了她的性格。孩子的成绩不好，她会整天忧心；先生的无心之语，会让她黯然神伤；同事的奇怪眼光，会让她自我怀疑……可以说，几乎每一件事情，都会在她心中盘踞很久，极大影响了她的生活和工作。

　　有一天，她实在坚持不下去了，就通过电话向心理专家咨询自己的问题。心理专家告诉她一个改善的办法："把令你沮丧的事放下，洗洗脸，修饰一下仪容以增强自信。想着自己就是最快乐的人，装成高兴充满自信的样子，你的心情就会好起来。"

虽然有些怀疑，但杰西还是照着心理专家的话去做了。第二天，她给专家打电话说："我从来没有感到生活竟然如此的美好，一整天，我都感觉劲头十足，充满活力，我的丈夫和同事都说我像变了一个人，还说我变美丽了！没想到强装信心，信心真的会来：装着好心情，坏心情竟然真的消失了！"

如何把不快乐的事变成快乐的事呢？这要求人要善于变换角度，多方向去考虑问题，把不如意的事看作好事，要相信面前的阴影源自身后的阳光。人们都说，人生不如意事十有八九，如果不能在面对不如意时适当地调整心态，就将陷入无穷无尽的烦恼和苦闷之中。

对每个人来说，生命的质量取决于自己的性格和心态，而性格和心态则取决于每个人给自己什么样的心理暗示。如果能时常给自己积极的暗示，那人就会形成一种积极健康的性格，就能保持对生活的乐观态度，也就不会因困境和挫折影响自己的心情。专注于当下的努力，就能获得较高的生命质量，体验悲观人士体验不到的快乐。能够自己进行积极暗示的人，他们一般都会对自己当前的现状持一种乐观态度，他们相信，每一个时刻发生在自己身上的事情都是最好的，而且相信自己的生命正以最好的方式展开。

悬挂在空中的人

人生在世，不如意事常有，伤痛也在所难免。人应该经常给自己一些好的心理暗示，通过这些暗示的不断叠加，形成一种良好的性格，让自己能够忘掉已经过去的痛苦，着眼于当下的美好生活，否则便会被昨日的悲伤和失意所缠绕，把宝贵的时间和精力浪费在自我怀疑和谴责上。

有一个人从山岭经过的时候，非常不幸地碰到了一只熊。于是他拼命地逃跑，结果一不小心掉进猎人挖的一个很深的陷阱里。幸好，这个人眼疾手快，在下落时一把抓住了陷阱边上的树藤，才没有被陷阱底部的利刃穿透身体。就这样，这个人的身体悬挂在空中，上面有熊盯着，下面是密密麻麻的利刃。

但是，他并没有悲观失望，他相信再过一会儿，一定会有人经过这里。就在这时，他突然发现树藤上竟然结着一枚香甜的果子，于是他忘记了进退无路的尴尬处境，闭上眼，专心地品尝起那枚果子来。后来，靠着果子充饥，他终于成功地等到了救援。

在无比凶险的时刻，这个人还能够把所有注意力集中到品尝眼前的果子上，并且在困境之中还能够给自己一种非常好的心理暗示，这说明此人性格积极、乐观，内心具有强大的正能量。事实上，无论这个人如何害怕和担心，利刃和熊都不会因为他的意志而发生变化，这个人唯一能做的，只有品尝那枚果子，也正是那枚果子，给他补充了体力，让他走出困境。可见，积极的暗示会让人拥有改变糟糕境遇的正向能量。

对自我暗示的内容变了，心态就会发生改变；心态如果改变了，态度也就会随之发生改变；态度改变了，生活习惯也会随之改变；习惯改变了，性格也会随之发生改变；性格改变了，人生也会随之发生变化。长此以往，就会发现，自己正在经历着巨大的变化，生活也就会变得更加美好光明。

第六节　改变自我暗示，
　　　打造强大气场

　　气场是什么，气场可以是吸引力、魔力，也可以是某种具备神秘能量的魔咒。它使得人们的目光总是被你吸引，不论一个人在做什么，都能受到别人的强烈关注……一个人在他幼年的时候，气场就开始逐渐形成，他对外界就有了吸引力。例如想得到某些东西、试图完成某些目标，这时，内心的能量就会以合理的方式向外辐射。有的人气场强，有的人气场弱，这种强或弱会伴随着他走完一生，并最终决定人一生的生命质量。

　　对于一个人来说，想要获得强大的气场并不是一件困难的事情。比如要有一个坚定的目标，多交能让自己成长的朋友，正面思维，勤奋，坚韧，等等。具体来说，包括喜怒不形于色，大事淡然，有底线，更有亲近感，大量学习，将一切信息转化为自己的能力，等等。但就在这些方法之中，人们忽视了一个更为简洁的方法，那就是通过改变自我暗示获得强大的气场。

　　积极的自我暗示能激发潜能，塑造强大的气场，甚至能影响你生命的质量。成就、财富、快乐，可能都始于一个暗示，始于意念。毫无疑问，经常给自己积极暗示的人，做事必然容易成功，而成功必然带来自信、阳光、乐观等有助于个人气场增强的积极因素。并且每个人的气场都会产生吸引力，而积极的气场就会产生一种积极的能量，从而吸引更多的积极能量；相反，消极的气场产生一种消极的能量，吸引更多的消极能量。

无数的事实也验证了一个道理，那就是一个胸无大志的人往往是不懂得改变自我暗示的人，他的一生之中，基本上是不会有什么大成就的；而一个希望有所成就的人，往往是懂得进行自我暗示的人，他因此获得了强大的气场，从而为其在某一天实现理想创造了更加有利的条件。这一切都是由内心的气场决定的，所有的奥妙都在你自己的身体里、头脑里、思维里、自我暗示里。

一位潜在客户

人们经常说的一句话就是性格决定命运，其实命运是气场与外界因素相互作用的结果，而性格也只是它的一种产物。对于许多人来说，他们并不知道，通过改变自己的心理暗示，就可以获得强大的气场。他们只相信命运是由上天注定的，是无法人为进行改变的，而事实并非如此。

一家汽车销售公司的销售经理，双眼闪烁着渴望的火花，他极度希望一位名叫凯文的老板能够购买一辆新款的福特轿车。因此他经常暗示自己：这位老板就是一位潜在客户。于是每一天他都算好时间，在十字路口与这位老板"不期而遇"。

"凯文先生，很高兴又看到你了，有什么需要我帮忙吗？"

"啊，那么，请帮我物色一辆家庭旅行所用的汽车吧，拜托了！"

就是几句简单的对话，一场交易完成了，这就像两位高手过招，虽然两个人都有着强大的气场，但最终那位懂得通过自我暗示来改变的人笑到了最后。这位销售经理是成功的，那位老板竟然主动送上门，成了他的签约客户。事实上，正是因为这位经理全身所散发的那种"一定要在老板这儿卖点什么"的决心征服了他。确切地说,这份决心就是他身上所具有的强大气场。

命运是人们自身与外面的世界相互化合产生的一系列反应,是早已经设计好的,犹如电脑程序,但它的实质决定因素却是人本身的气场。想要获得强大的气场,人必须学会改变自我暗示,因为这与每个人选择事物的能力、判断是非的过程,都有着密切的关系。正是在这样的情况下,改变自我暗示就会让人们跟随内心的指引:理想、计划和一个正确的目标。它会给人最适合的方向,并将一切有利的因素吸引到自己的身边,然后促使人采取最恰当的行动。同时,围绕在身上的特定气场也就形成了。

"天生"的心理学家

看到问题的积极方面,可以产生乐观的情绪,由此产生强大的气场;而看到问题的消极方面,会产生悲观的情绪,也就不会有气场产生。

有一位作家决定成为一名优秀的心理学家,他在思考了两秒钟之后,便着手做成为一名忠实心理学爱好者的准备,并且制定了一个完整的钻研计划。当这个目标被确定时,这位作家便马上行动起来,心理暗示也帮助他调动体内的一切能量,抛弃过去与此相悖的所有因素,使自己只有一个既定目标——那就是要成为心理学领域的成功者。

在此之后,他逐渐向心理学家靠拢,不仅在精神上做好了准备,就连说话的方式、思维的逻辑基础,都不由自主地趋向于心理学思想。

这样一段时间以后,当他拿着厚厚的资料找到了自己的朋友,探讨这个吸引人的理想时，他的朋友说："这好像已经是事实了，以你现在的形象来看，你简直就是个天生的心理学家。"

通过不断的自我暗示，当一个人想成为他心目中想象的样子的时候，其体内强大的气场就会发挥作用，这就是最为显著的自我暗示力量。在别人眼中，没有任何因素可以阻挡一个人走向这个目标，只要无往而不利，就能够改变一切。拥有这种积极的自我暗示的力量，就会拥有强大的气场，进而用正能量去改变一切。但是这样的状态往往源于对自我暗示的改变，而不是听从于命运的安排。

面对生活，我们在保持乐观向上的人生态度的同时，还要懂得通过改变自我暗示来获得强大的气场，因为这是个人事业成功的有力保障，是实现精彩人生的强大支柱。

第七节　打破潜意识的壁垒

对于很多人来说，他们面对的似乎总是失败和挫折。在这个过程中，他们也总是在抱怨自己的苦难和不幸，却没有为改变自己的苦难和不幸做些什么。这其中的很多人，把自己的失败理解为是命运的安排，他们把一切不幸都归咎于命运，却从来没有仔细地从自身方面查找原因。因为他们并不了解或者并不愿意承认，能够改变自身命运的只有自己，只有发挥出自身的潜能量，才能够实现自身的飞跃。

其实对于人们来说，苦难和不幸并不可怕，很多成功人士都是在这些苦难和不幸中成长起来的。真正可怕的是一个人不知道如何去抓住它，如何去突破意识方面的这堵墙。

当正能量在发挥作用时，人们需要的是尽一切可能去实现这个结果，如果一旦失败就宣告放弃，从此没有了重拾信心的勇气的话，这样的人终将一无所成；而那些没有经过任何反抗就被困难吓倒的人，其结局更是可悲。要相信，一切的苦难和不幸都是可以战胜的。只要具备足够的自信，突破意识这堵墙，成功发挥出潜在的能量，就完全有能力改变自己的处境。

想想那些历经磨难的成功人士，他们无一不具备超强自信这个优秀的品质。在面对困难时，他们首先会抱着一种一定能战胜这一切的信念，在抓住潜在能量的同时，他们相信明天一定是辉煌而美好的—正是因为在他们的意识之中，有了一种必胜的能量和信念，他们时常能够创造辉煌。

如果只是一味怀疑自我，始终害怕苦难会落在自己身上，那么这会让你的生活一直处在一种绝望的境地之中。一旦你习惯了这种"绝望"，就会对这种可悲的负面情绪产生依赖感，不愿再站起来反抗，于是又加重了个人的苦难。

别被思想束缚住

如果一个人安于贫困，视不幸为正常状态，不想努力摆脱困境，那么他身体中潜伏着的力量就会失去它的作用，他的一生都不会有成功的愿望，更无法摆脱苦难和不幸。

一天，强森看到以前的朋友霍华特无精打采的样子，于是就询问他的境况。他刚一问完，霍华特立刻就倒出了一肚子的委屈。霍华特说："我现在对正在进行的工作一点儿也提不起兴趣来，这份工作和我学的专业也不对口，整天没有什么事情可以做，另外工资也非常低，刚刚够吃饭的钱。"

强森吃惊地问："你的工资这么低，怎么还天天没有事情做呢？"

"我感觉自己无事可做，而且我也没有像你所说的那种对成功的渴望。"霍华特无可奈何地说。

"你不是无事可做，也不是没有美好的愿望，而是被自己甘于现状的思想束缚住了。你明明知道自己不适合现在的位置，为什么不去学习其他的知识，积累经验，找机会自己跳出去呢？"强森诚恳地说道。

霍华特又向他抱怨道："我的运气不好，什么样的好运都不会降到我头上的。"

强森叹了口气说："不是你运气不好，而是你不知道，好的机遇都被那些勤奋和跑在最前面的人抢走了，你永远只是躲在不幸的思想阴影里走不出来，哪里还会有什么好运。"

面对这样的回答，霍华特沉默不语了，他通过回想，发现确实是这样：自己将大部分的时间都用在了发牢骚上，却根本没有想过用一种积极的心态为自己设立一个目标去改变自己的生活，更不要说采取什么行动了。于是，当别人都在为事业和前途奔波劳累的时候，自己却在茫然地虚度大好光阴，同时还被沉重的思想负担所束缚，并没有任何"跳"出误区的想法，结果只看到了误区之中的绝望。

其实苦难和不幸本身并没有什么可怕的，可怕的是缺少摆脱苦难和不幸的思想和勇气，并且认为自己命里注定苦难、不幸，这种人必老死于苦难、不幸的错误观念。一个人一旦没有了那种抓住潜在能量的勇气，就会时刻处于一种贫穷的境地之中。在这种困境下，他身上已经没有了正能量，没有了继续拼搏下去的勇气。在这种循环往复之下，往往会认为苦难和不幸是自己命中注定的事情，再也没有去改变自己命运的动力。要有出人头地的愿望和态度，就必须想到富有。只有在思想中感到富有，才会付出百倍的努力去发挥自己的潜在能量，只有这样，才能够在言行举止上，流露出一种超乎常人的自信，只有抓住了自身潜在的力量，才能实现梦想，才能够拥有幸福和成功的生活。

同样，对于苦难和不幸，人们缺乏的往往不是扭转困境的能力，而是一种对自身内在潜力的挖掘。如果一个人正陷入负能量的危机之中，觉得周围的一切黑暗惨淡，那就应当立即转变自身的态度，将所有负面的、不积极的、阴暗的思想尽数抛弃，代之以正向的、积极的、自信的、满怀希望的正能量，在这种能的指引下，人就能够带着一种积极的心态努力向前，也就能够最终摆脱所有的苦难和不幸。

只有突破了意识的墙，才能够抓住潜在的能量，从而将正能量引发出来，为自己实现事业上的成功创造良好的条件。正因为如此，当人们在遭受苦难，或是遇到不幸的时候，一定不要被自己的失败心理定格，要敢于突破困境，抓住自己的潜能量，用一次次的成功，激励自己实现更大的辉煌。

不可想象的事情

"更快、更高、更强"是奥林匹克运动的一句著名格言。这句格言充分表达了奥林匹克运动不断进取、永不满足的奋斗精神。同样，这句话对于每一个人来说，也具有非同寻常的意义。它告诉人们，想要成为一个什么样的人，就和自己对话，通过自身不懈的努力拼搏，即使是在面对异常强大的对手时，也要敢于去争取胜利。同时它还告诉我们一个真理，那就是应该时刻充满自信，敢于向自己提出更高的要求，敢于不断地超越自我，永远保持昂扬的斗志。

数千年来，人们一直认为要在 4 分钟内跑完 1 英里（1.6 千米）是一件不可想象的事情。但是，就在 1954 年的某一天，一位美国运动员班尼斯特打破了人们的这个想法。更有趣的是，在这之后的一年里，竟然有 37 人达到了这一成绩，而在往后的两年时间里，先后有 200 多人达到了这一成绩！

当有人问及班尼斯特是如何打破这个世界记录的时候，他的回答非常耐人寻味。原来每天早上起床后，他都会大声地对自己说："我一定能在 4 分钟内跑完 1 英里！"这样大喊 100 遍，然后他才会在教练的指导下进行跑步训练，直到他最终打破了这项世界纪录。

有成就的人，他们都非常明确地知道自己想要什么，自己想成为什么样的人，于是他们就有了一种超乎常人的自信。在这种自信心的驱动之下，他们敢于对自己提出更高的要求，并且能够在失败之中看到成功的希望，最终也都能够获得成功。因此，在通往成功的路上，正确地认识自我以及强大的自信心是必不可少的工具，它可以帮助所有人走过一条条不平坦的道路，也可以帮助人铲除前进道路上的各种荆棘。

人们应该学会与自己对话，在明白自己想要成为一个什么样的人的同时，还可以进一步增强自身的信心，从而使得强大的自信成为成功的基石。有信心的人善于自我发掘，能正确认识自己，并能利用自己的优势面对环境。当他向自己提出更高的要求时，往往能够通过一定的努力得到想要的结果。人生从来没有极限，每个人内心都有一个沉睡的巨人，要通过不断地提出更高的要求，来唤醒那个沉睡的巨人，实现人生的突破。

在这种正向能量之中，通过不断与自我对话去了解自身的需求，通过这种需求就可以知道自己到底想成为一个什么样的人。在这种与自我内心不断交流的过程之中实现自身命运的转变，这便是正能量所赋予人类的处世哲学。

　　与之相反，如果一个人始终都不曾对自己提出要求，那么他遇到事情的时候就会选择逃避，不敢为天下先。在这种消极心理的支配之下，他最终将一事无成。从某种意义上来说，人们的行为和结果是自己思想的产物。所以，为了实现更高的人生价值，每个人应当积极地与自己对话，给自己提出更高的要求并付诸实践。

第 5 章

透过人脉传递正能量

不管身在什么地位、从事什么工作，其实每个人的生活都不容易，都需要彼此的关心和呵护。尤其对于那些身处困境中的人、正在伤心的人，一个贴心的安慰，就是对他们莫大的鼓励。及时送上一朵鲜花，对于他们来说就是拥有了整个春天；献出一份暖暖的关爱、一个小小的希望，就等于给了他们一座天堂。

不知是谁说过："能够给人快乐的人，是最快乐的人；能够给人幸福的人，也是最幸福的人。"用诚挚的心灵使他人在情感上感到温暖、愉悦，在精神上得到充实和满足，自身自然也会收获一份美好、和谐的人际关系，拥有越来越多的朋友，并得到越来越广泛的支持。

第一节　微笑和赞美是善意的种子

人与人之间的每一次交流，都应是一次心灵的碰撞。而微笑是人与人之间最简单的交流。一抹微笑、一句赞美往往能够囊括太多情绪，它们就像是能够开启彼此心灵之门的钥匙，拥有无形的能量。

只需要 10 秒

绽放自己的微笑，给人真诚的赞美，用热情去感染身边的每一个人，就会欣赏到不一样的风景。

美国心灵励志顾问吉姆在一次员工培训中，开始"兜售"他的"花招"——苹果疗法。他举起一个苹果，环顾四周，然后问一个染了黄头发的年轻男子："嗨，先生，请说出这个苹果的颜色！""红色！""对极了。那么，猜猜它的味道，甜的还是酸的，或者酸中带甜？"吉姆循循善诱，可是在那个年轻男子眼中，他像极了一个喜欢唠叨的老太婆。

于是，年轻男子打断了吉姆的问话："我没有闲工夫来评价这个苹果，我需要的是方法！方法！"很显然，这个人正处于极度消极之中，他的生活正被一片乌云笼罩着，他急于改变现状，但是他的行为暴露了他心态方面的缺陷。

吉姆很真诚地看着这个实际只有 30 多岁，可看上去却像 50

多岁的年轻人，面带微笑地说："还不错，至少你现在对发脾气还存在兴趣，这透露了你内心对战胜困难的极度渴望，我想你现在一定十分憎恨那些给你带来麻烦的问题，恨不得将它们全部一脚踢进大西洋。但是，根据你的现状，你现在更需要安静，那些所谓的方法无法真正帮你摆脱困境，明白吗？如果你肯给自己10秒钟的时间，专注地来观察这个苹果，然后说出它的味道，我敢打赌，你一定可以找到方法！"那个年轻人半信半疑，但是他真的开始认真观察吉姆手中的苹果。就在那一刻，时间仿佛是静止的，他在动用自己全部的脑细胞来研究这个苹果的味道。

良久，年轻人抬起头，面对大家善意的笑容："我想，它是甜的。"他也不自觉地微笑起来。一瞬间，缠绕他心头的烦恼开始散去，随之而来的是信心的回归。他十分感激地迎上吉姆真诚的目光。"现在你是不是已经找到方法了？其实人生挺简单的，10秒，我们往往只需要10秒，给自己，也给他人一个微笑、一句赞美，你会发现，很多东西都可以瞬间改变！"吉姆依旧激情飞扬地说着，"你看，你刚才赞美过这个苹果是甜的，它是不是'脸红'了？"一句话又引发了一场哄堂大笑，屋内的气氛发生了微妙的变化。

微笑与赞美往往就是心灵的良药，具有很强的治愈功能，有时候甚至会使一些很危急的局面发生扭转，出现奇迹。

改变人生的微笑

与平时一样，玛丽总是会在大家还在熟睡的时候就早早地起床，呼吸新鲜空气，然后练瑜伽。这天，玛丽隐约听见门锁发出了异样的声音，她以为是自己的"甜心"回来了。"甜心"是玛丽最疼爱的金毛犬，它每天早上都会出去溜一圈。"亲爱的，今天怎么回来得这么早……"玛丽一边说着一边打开门。顿时，她惊呆了，门外站着的是一个持刀的男子，正恶狠狠地瞪着自己。玛丽以最快的速度让自己冷静下来，她知道如果此时大喊，那无疑会激怒歹徒，邻居都在熟睡，她很可能会有生命危险。

玛丽突然直视歹徒的双眼，微笑着说："喔！朋友，你真是太勤奋了！我想不会有人这么早出来推销菜刀？我还以为是我的甜心回来了。喔！这把刀的样式真不错，你来得太及时了，我家现在用的菜刀已经出现一些小裂痕了……"玛丽边说边让男人进屋，一边准备饮品一边说："你长得真像我过去认识的一位好心的邻居，见到你非常高兴，请问喝咖啡还是茶？"看着玛丽忙碌的身影，本来面带杀气的歹徒顿时变得腼腆起来，有点结巴地说："喔，谢谢。"

最后，玛丽真的"买下"了那把明晃晃的菜刀，并且付了钱。男子迟疑一下，拿着钱走了。但是，在男子转身离去的瞬间，他回过头真诚地对玛丽露出了微笑："小姐，我会永远记住你的微笑和赞美！因为它们将改变我的一生！"

有这样一句名言："微笑是结束说话的最佳句号。"其实，微笑与赞美又何尝不是让人开启一段奇妙旅程的船票？一个人的一抹微笑、一句赞美就可以改变另一个人的一生！这是多么神奇的力量！玛丽和善友好的笑容不仅拯救了自己的生命，还改变了一名凶残无比的歹徒的人生轨迹！这比任何鲁莽的行动和激烈的冲撞都更加有用！

善意温暖了整个冬季

"爱出于心，恩被于物"，如果每一个人，在与人交往的过程中都能够站在一种善意的角度去思考，那么那些感受到善意的人将会回应出更多的友善。倘若有一天，每一个人都能够带着善意和真诚与他人相处，那么这个世界就会多一些温暖，少一些冷漠。

这是一个发生在很多年前的小故事，在那个时候，地域性的种族歧视现象十分严重。

一个寒冷的冬日早晨，小镇外面，一群黑人瑟瑟发抖地站在寒风里，他们是等待巴士的穷人。然而，在过去的两个多小时里，已经有两辆巴士驶过，却没有一辆停下来。难道巴士司机没有看到这些焦急等车的人吗？而更奇怪的是，那些等待巴士的黑人看到车来了却没有丝毫兴奋，看上去他们似乎并不急于乘车。他们只是漠然地看着巴士从自己眼前驶过，然后再热切地继续向远方眺望。

又一个小时过去了，突然，人群里出现了骚动。所有人都看着那个越走越近的身影，那是个女孩，一个白皮肤的女孩。人群中发出了欢呼声，还有人热情地围上去和她打招呼，就像老朋友见面一样。

原来，在这个偏僻的小镇，巴士每过一个小时才会发出一辆。出于一种心照不宣的"默契"，这些白人司机从来都不会为那些黑人停车，只有发现白人等车的时候，他们才会停车。而恰好，这附近住的全部都是黑人。因此，所有的巴士几乎都不会在这里停车。那个白人女孩住在离这里约8千米的地方，她每天都会坚持走到这里乘车，风雨无阻，仅仅是为了让这里的黑人能够坐上巴士。

不一会儿，一辆巴士驶过，看见了这个白人女孩，便停了下来。女孩被她的黑人朋友们簇拥着上了车，还没等站稳，她就听见有人喊她的名字。原来是她的朋友萨姆，一个白人小伙子，他恰好路过，看见女孩在这里乘车十分诧异。

"你怎么会在这里上车？"萨姆疑惑地问女孩。

"因为这里没有白人，司机是不会停车的，所以我就赶到这儿来了。"女孩笑着回答。

"你是因为能让他们乘上车？"萨姆惊讶地说，他望了望女孩身后的黑人们，"你跑这么远来乘车就是为了这个？"

女孩也瞪大了眼睛："是啊。这么冷的天，难道要让他们步行吗？其实我们都一样不是吗？为什么要让肤色遮掩了我们的善良？"语毕，车上所有的黑人都红了眼眶。在他们的心中，那个白人女孩的形象被无限放大，他们用一种虔诚的目光注视着女孩，每个人内心都澎湃着热浪，那是一种被尊重的感恩。或许他们的心中曾经充满了愤怒，对世俗的愤怒，但是在这一瞬间，所有的负面情绪都化为一种温暖，一种善良。

车缓缓前行，窗外白茫茫一片，雪越下越大，司机也越发集中精力。突然车停了，陷在了大雪中。这时，全车的黑人毫不犹豫地集体下车，撸起裤管，用自己的手一捧一捧地把雪刨开。雪花一片一片地落在他们的身上，似乎不愿意融化，似乎要给他们暂时的"白皮肤"。看到这一幕，白人司机鼻子泛酸，内心涌动着一种愧疚。车终于启动了，黑人们高兴得手舞足蹈，那是一种发自内心的兴奋，尽管他们全身湿透，尽管他们被冻得发抖。

次日清晨，当黑人们赶到站牌的时候，他们惊呆了，因为有一辆巴士正停在那里，那是每天的早班车。司机笑着说："别看了，以后每天，那个女孩都会在下一站等你们！"人们沉默，继而因感动流泪、欢呼。

在那样的背景下，白人女孩选择站在善意的角度去思考，她没有像其他人一样歧视黑人，而是坚持着自己的善良与真诚，用热情感化着身边的人。而那群黑人也正是被女孩所感动，才会放弃自己的仇恨与自卑，选择与女孩一起，站在善意的平台上去与人交往。最终，他们的善良、他们的行为感动了冷漠的司机，这不得不说是一种强大能量的感染，是爱，是善良温暖了整个冬季。

你是否曾经与人心贴心地交流？你是否曾经抱着一颗热忱的心去帮助别人？你是否曾经能够坚持自己的善良，将能量传递给身边的每一个人？问一问自己的心，冷静地找出你想要的答案。

当每个人的内心都涌动着善意的热潮时，再寒冷的"冬季"都会出现温暖的阳光；当每个人的脸上都洋溢着真诚的笑容时，再坚固的"冰石"也有融化的一天；当每个人都能懂得站在善意的角度去思考和交际时，再黑暗的旅途都会出现足以照亮前方的光明。

每一抹微笑，每一句赞美，都能够成为他人汲取能量的动力，不要吝惜自己的热情，让它们成为自己与世界狂欢的纽带吧！

第二节　指责永远没有建议招人待见

在人际交往中，有的人会采用一种打压式的态度对犯错者进行负面批评。其实，这是一种比较容易引发更大错误的行为。因为对于那些心理承受能力弱的人来说，负面的批评只会带给他们更多的坏情绪，一旦坏情绪完全掌控了意志力，他们就很可能会犯下更多的错误。

比批评更好的处理方式

如果能够用一种正面激励法去替代这种负面批评，那么往往可以达到更好的效果。

操场上，小布鲁克林正准备将手中的砖头砸向汤姆。这时，正巧路过的奥里森校长及时制止了这场打斗。当他回到办公室时，小布鲁克林已经等在那里了。奥里森校长掏出一颗糖递给他："这是奖励你的，因为你比我先到办公室。"看着小布鲁克林惊讶的眼神，奥里森校长又掏出了一颗糖，说："这颗也是给你的，因为我不让你打同学，你立即住手了。说明你尊重我。"

小布鲁克林将信将疑地接过第二颗糖。奥里森校长语重心长地说道："据我了解，你打汤姆是因为他欺负女生，说明你很有正义感，从这一点上讲，我没有理由不再奖励你一颗糖！"他摇了摇手中的第三颗糖，并向小布鲁克林竖起了大拇指。

这时，小布鲁克林感动得哭了，说："尊敬的奥里森校长，我知道错了，尽管汤姆做得不对，我也不能采取这种方式，我保证今后不会再这样做了！"奥里森校长拍了拍他的肩膀，掏出了第四颗糖："你主动承认错误的勇气为你自己赢得了这最后一颗糖！我的糖发完了，我们的谈话也结束了。"

不难发现，在整个事件的处理过程中，奥里森校长没有使用一个批评的词语，而是不断地帮助小布鲁克林寻找自身的闪光点，然后用一种激励的方式，使他在深刻认识自己错误的同时看到不一样的自己。四颗糖的效果远远好于四句批评的话语，如果奥里森校长只是将小布鲁克林狠狠地训斥一顿，很可能会导致小布鲁克林产生叛逆心理，根本起不到积极作用。

很多人在处理问题的时候，总是习惯于直截了当地点明错误，然后再严肃地分析原因，最后再进行勉励。通常情况下，这种方式的效果并不是十分理想。而正面激励却可以软化犯错者的尖锐，抚平他们的自负，还可以避免因负面批评带来的更糟糕的情况的发生。

如此"批评"

负面批评往往是一种最敏感的惩罚，使用的时候要慎之又慎。

安德鲁是一家公司的司机。一次，由于开车的时候他没有仔细检查机油，造成了一场发动机烧瓦的严重事故。为此事，车队的队长严厉地批评了他："你天生就是一个马虎鬼，都像你这样，公司的车够你糟蹋的吗？所有损失都由你赔。"而公司经理是这样"批评"他的："智者千虑，必有一失，你的聪明可能小睡了一下，以后让它在休息的时间再睡吧。损失你来出，我相信这样能买到你今后做事认真细致的好习惯。"

如果公司的经理也像车队队长一样对安德鲁严加批评，那么安德鲁很有可能就会越发地自责、紧张，而人们在这种情况下，犯错的概率会更高。日本小泽机械公司，长达 16 年没有出现对员工罚款的记录，但是员工的犯错率却逐年减少，甚至有的员工没有犯错。所以，"鞭打不是让牛前进的最好方法"，反而要不断地给它力量，它才能真正达到你要的速度。在与人交往的时候，更要时刻注意自己的一言一行对于别人来说是暴风雨还是艳阳天。纵使想要达到最好的效果，也一定要用对方法。而正面的激励就是一种能量的传递，会让人有更强的动力不断向前。

建议比指责有效得多

有位学生在班里是人人皆知的多动症患者，他自己也认为自己就是多动症患者，上课极不专心，还经常妨碍班里的上课秩序。四年级时换了个老师，老师找他谈话，他告诉老师自己是个多动症患者，吃药都没有用。老师没有跟他讲道理，只问他有没有兴趣让老师治好他的多动症？学生当然表示愿意。最后，老师说："在上课的时候，你的手可动，脚可动，但头要抬起来，只要不写作业，你的目光要集中到老师的教鞭上。"就这样，在老师提出的一个个小建议的过程中，这位学生的多动症居然慢慢地没了。

"建议"与"指责"虽然出于老师同样的愿望，但效果却迥然不同，究其原因，是因为"建议"首先是老师把自己置于学生的位置上，拉近了彼此的心理距离，产生亲切感；其次，一个好的建议，使学生有了具体的行动方向，能够看到努力后所能达到的前景，从而燃起希望并产生动力。而"指责"则让学生处于挫折的焦虑之中，由于不知道如何行动，于茫然之中又怕再次犯错，久而久之，只好置"指责"于不顾了。所以，在面对着别人的行为过错时，应该多一些建设性的"建议"，少一些宣泄性的"指责"，给予别人更多的支持。

第三节　人人都爱名为热情的磁石

美国著名思想家拉尔夫·沃尔多·爱默生曾经说过："有史以来，没有任何一项伟大的事业不是因为热情而成功的。"如果拥有足够的热情，那就意味着一个人拥有了足够引爆人际吸引力的导火索。

用热情温暖心扉

热情，具备一种极强的感染力，它甚至可以感动顽石。

苏珊是一所少年英语培训班的老师。在苏珊的幼儿班中，有一个个子高高的女孩，名叫莎莉。莎莉看上去是个非常活泼的女孩子，但在课堂上她的表现却很让人失望。每次上课时，莎莉总是一副面无表情的样子，似乎对老师所讲的知识丝毫不感兴趣。

在课余时间里，苏珊曾多次和她沟通，但她总对苏珊保持着戒心，不愿把自己的想法说出来。后来，苏珊和女孩的家长进行了多次联系，女孩的家长也给女儿做了不少思想工作，可莎莉依然没有丝毫改变。作为老师，苏珊一直在努力和她亲近，但她却一次次将苏珊拒之千里之外，就像一个小小的"冰美人"。但苏珊从来没有想过要放弃这个冷冰冰的女孩。

有一次，苏珊在与莎莉妈妈的电话沟通中了解到，其实莎莉在家学英语是很活泼的，但是不知道什么原因，在学校里的表现却呈现出如此强烈的反差。经过半个多小时的沟通，最后苏珊和莎莉妈妈约定，无论如何一定让莎莉在学校里展现出她真实的一面。

于是，用热情融化坚冰的行动开始了。每次上课，苏珊都会主动和小家伙打声招呼，上课过程中也时常让她来回答问题，下课时则主动带着她和其他孩子一起做游戏。苏珊知道，对于莎莉还需要付出更多的耐心、爱心和热心。无论她有什么反应，苏珊都始终以热情的微笑去迎接。经过一个学期的努力，莎莉终于有所转变了。她开始融入集体生活，并学会从中找到乐趣，每次上课时都能集中精力，思维也始终能跟着老师转。她会主动地举手回答问题，还时常帮苏珊收拾教具。看着莎莉脸上露出的笑容，苏珊也感到很欣慰。

苏珊用真挚的热情打开了小女孩莎莉冰冷的心门，成功地让她融入集体生活中。这个故事告诉人们，不管是在教学中，还是人际交往中，对待那些难以接近的人，要学会用持续的热情来打动他。哪怕每次都被无情地回绝，只要能坚持下去，只要持之以恒地付出热情，即使是1℃的热情也能融化0℃的坚冰。

热情的威利

当一个人对生活充满热情时，就能时时表现出愉悦和充实的状态。

当别人目睹了一个人的热情，就会不由自主地被其吸引，然后他们也会以同样的热情投入到生活中——因为人们总在追求更好的生活方式——这也是社会能不断进步的原因。这样，热情就能"传染"给周围更多的人。

威利在一家服装厂工作。以他的学识，本应该有更好的工作，但不幸的是，由于他身体上的先天缺陷，不能长时间站立和行走，所以只能在这个厂子里当一名缝纫工人。但对生活充满乐观和热情的威利并没有因此而苦恼，而是把全部精力和热情都投入到了自己的工作中。

威利读过很多书，他总是在休息时间给同事们讲笑话，把他对生活的乐观传达给每一个人。因为痴迷于服装设计，每天工作一结束，他就会找些服装设计类的书和杂志来看，尽可能地增长自己的专业知识。后来，一次偶然的机会，威利参加了服装设计大赛，并获得了二等奖，他也因此被厂里特聘为服装设计师。

厂里的一些年轻人受到他的鼓舞，也开始在业余时间学习专业知识，威利总是尽自己所能帮助他们。就这样，在威利的影响下，这个服装厂培养出了很多高级技师和服装设计师，在行业内的名气越来越大。

可以肯定的是，人们都喜欢与充满热情的人交往，因为热情的人会带给他人一种积极向上的精神，并善于营造一种"明亮"的氛围。和这样的人在一起时，心情会很舒畅，态度也会很积极，还会在不知不觉间学习到他为人处事的方式。

热情的中心性品质

一些心理学的实验也证明：当某个人在言语和行动方面表现出热情时，他人就会在情感指标方面给他更高的评价。在人际交往方面也是如此，热情可以提升个人形象，使一个人能得到更多人的好感，赢得更多朋友，人生也会因此而丰富多彩。

1946 年，美国心理学家所罗门·阿希做了一个心理学史上著名的实验，被称为"热情的中心性品质"实验。

他给一组被试者列出有关人格的六项品质，包括：聪明、熟练、勤奋、热情、实干和谨慎。同时，他给另一组被试者几乎同样的七项品质，不同的仅仅是把"热情"换成了"冷漠"。要求两组被试者对表中的人做一次详细的人格评定，阿希教授让被试者说明，表中的人可能或他们希望这两组具有几乎相同品性的人具有什么样的其他品质。

答案出来了，仅仅是一个"热情"与"冷漠"的区别。具有"热情"品质的人，受到了被试者的衷心喜爱，人们慷慨地用各种优秀的品质描述他。而那个"冷漠"代替了"热情"品质的人，遭到了人们的敌意和仇恨，被试者把各种恶劣的品质统统都罗列在他的"冷漠"品质之下。

这项实验证明，在人类的品质描述中，热情和冷漠成为人类品质的中心，它决定了一些其他相连的品质的有与无，它包含了更多有关个人的内容。因而，热情、冷漠被视为是中心性品质。

一个人是否热情，决定了人们是否喜欢他、亲近他、接受他，热情的品质影响着一个人生活的每一个方面。"热情"成为一个优秀形象所具备的基本品质，一个人表现的是热情还是冷酷，决定了他在社交场或工作中被人喜爱还是排斥，最让人无法抗拒的魅力就在于他的热情。仔细地回想一下自己身边热情的人，就不难理解热情在社交和工作中有着强烈的感染和吸引人的力量。

心理学家认为，热情的人之所以被人们喜欢，是因为热情的品质包含了更多的个人内容，它让人们联想到与之相关的其他优良品质和特性，这正是"光环效应"的反映。一旦被热情所吸引，人们就会认为热情的人真诚、积极、乐观。热情感染着人的情绪，带给人美妙的心境，使人感到愉快和兴奋。热情能带来幸运，因为人们都喜爱热情的人，对他们更宽容。

热情洋溢的英国首相

正因为热情的感染和蛊惑力，政治家们喜欢用充满了激情的语言表现出旺盛精力的姿态，用热情洋溢的面部表情、生动的身体语言等来表现自己的热情，来赢得选民的喜爱。性情活泼、热情的政治家，轻易就博得选民的喜爱，丘吉尔、肯尼迪、里根、克林顿、托尼·布莱尔等这些20世纪的领袖，无不具备热情的品质。

英国首相托尼·布莱尔与反对党的领袖的最大区别之一，就表现在他能够展示出来的热情。除了在煽动攻打伊拉克的发言上，托尼都会笑容满面，他走路的姿势告诉人们他旺盛的精力，他演讲时语言铿锵有力，手势挥动不停（尽管有时过分得让人眼花缭乱）。他的一切表现都展现了他比反对党的前两位领袖热情洋溢。尽管他的政治主张越来越遭到中产阶级的痛恨，但是他的性格却受到人们的普遍喜爱。

热情还是冷漠，或许能够在关键的时刻成为一个人的砝码。热情能够融化人与人之间无形的障碍，缩短心理的距离，消除不同生活经历带来的界线。去过法国、意大利或希腊旅游的人，都会对这几个国家的人充满好感，因为他们的热情和欢快会让人感到生活在五彩的光芒之下，一切烦恼和悲伤都会像冰雪一样在灿烂的阳光下消失。吸引世界各地的人们前往法国、意大利旅游的原因，不仅仅是欣赏前人留下来的不朽的艺术，而且也是为了去体验法国人、意大利人的热情和欢乐的人文风情。

热情的神奇魅力

莎拉·安和安吉拉·王是加拿大某电讯公司的两名中国女工程师。她们同一年进入公司，都有着硕士文凭，像大多数海外中国职员一样，她们有着勤恳的敬业精神，共同参加公司的同样项目，在业务上的表现不相上下。在公司业务高涨的1999年，莎拉被提拔做了项目经理，而安吉拉则一直在工程师的位置上，成为莎拉的下属。到了2001年，公司大批裁员，安吉拉作为首批被裁人员，离开了工作了五年的公司。

什么使她们两人的前途如此不同呢？负责解雇安吉拉的香港老板认为："安吉拉冷淡而又不合群的个性，会使我们感到少了她我们并没缺少什么。而莎拉是个乐观热情的人，她坚强、果断又聪明，她散发的热情能感染每一个人，她的活力能让人人都喜欢她，她是一个天生的社交家和领导者。"

热情像一股神奇的魅力弥散在周围，感染着四周的人们，并且把他们吸引在热情的主人身旁。它让人们感到精神力量瞬间倍增，好像什么奇迹都可以创造。如果多留心观察身边的人，就会发现，那些幸福的人都是充满热情、愉快、笑口常开，他们性格开朗，热爱帮助人，因而他们无论到哪里都受到欢迎。而冷漠的人呢？他们真正的不幸并不是仅仅没有对人们的吸引力，而是排斥了自己生活中的机遇，关闭了幸运的大门。

第四节　宽容比计较得到的更多

宽容待人，就是在心理上接纳别人，理解别人的处世方法，尊重别人的处世原则。男人在接受别人的长处之时，也要接受别人的短处、缺点与错误，这样才能真正地和平相处，社会才显得和谐。俗语讲，眉间放一"宽"字，不但自己轻松自在，别人也舒服自然。容纳是一种豁达的风范，对于人生，也许只有拥有一颗容纳的心，才能面对自己的人生。

放低自己才能容纳一切

海纳百川，有容乃大。江海之所以伟大，是因为身处低下，方能成为百川之王。一个男人，要想拥有江海的辉煌，首先要拥有容得下百川的心胸和气量。

一个失望的年轻人千里迢迢地来到法门寺，对释家学者法明说："我一心一意要学丹青，但至今仍没能找到一个令我满意的老师。"

法明笑笑，问："你走南闯北十几年，真没能找到一个令自己满意的老师吗？"年轻人深深地叹了口气说："许多人都是徒有虚名啊，我见过他们的画，有的画技甚至还不如我呢！"法明听了，淡淡一笑，说："我虽然不懂丹青，但也颇爱收集一些名家精品。既然施主的画技不比那些名家逊色，就烦请施主为老僧留下一幅墨宝吧。"说着，便吩咐一个小和尚拿了笔墨纸砚。

法明接着说："我最大的嗜好，就是爱品茗，尤其喜爱那些造型流畅的古朴茶具。施主可否为我画一个茶杯和一个茶壶？"

年轻人听了，说："这还不容易？"于是调了浓墨，铺开宣纸，寥寥数笔，就画出一个倾斜的水壶和一个造型典雅的茶杯。那水壶的壶嘴正徐徐吐出一脉茶水来，注入茶杯中去。

年轻人问法明："这幅画您满意吗？"

法明微微一笑，摇了摇头。他说道："你画得确实不错，只是把茶壶和茶杯放错位置了。应该是茶杯在上，茶壶在下呀。"

年轻人听了，笑道："大师为何如此糊涂？哪有茶壶往茶杯里注水，而茶杯在上，茶壶在下的？"

法明听了又微微一笑，说："原来你懂得这个道理啊！你渴望自己的杯子里能注入那些丹青高手的香茗，但你总把自己的杯子放得比那些茶壶还要高，香茗怎么能注入你的杯子里呢？正如江海溪谷，只有把自己放低，才能吸纳、融汇百川，形成汹涌之势啊。"

年轻人听罢，顿时有所领悟。

待人接物时，人首先要学会把自己放低，才能容纳一切，"容人须学海，十分满尚纳百川"。

宽容就是在别人和自己意见不一致时也不要计较。从心理学角度看，任何的想法都有其来由，任何的动机都有一定的诱因。了解对方想法的根源，找到他们提出意见的原因，就能够设身处地地为对方着想，这样自己提出的方案也就更能够契合对方的心理而被对方接受。

宽容，是一种看不见的幸福。原谅别人，不但给了别人机会，也赢得了别人的信任和尊敬，自己也能够与他人和睦相处。

宽容更是一种财富。拥有宽容，是拥有一颗善良、真诚的心。这是一笔易于拥有的财富，它随着时间的推移而升值，它会把精神转化为物质，它是一盏绿灯，帮助人在工作中畅行。选择了宽容，便赢得了财富。每个人都在渴求幸福，于是人们用各种方式寻找着幸福。有些人花了巨大的力气也没找到幸福，而有些人却轻轻松松地找到了幸福。为什么会如此呢？其实，幸福的多少很大程度上取决于心态，取决于处世的观念与方式。

斤斤计较让亲情荡然无存

生活中，很多人总是有太多的计较，朋友之间、同事之间，甚至就连爱人之间也会计较得失多寡。计较来计较去，彼此之间就难免产生这样那样的怨恨，甚至兄弟反目，骨肉相残！

张大爷的三个女儿因为老人的两间老房闹到了法庭上。张大爷原来是某市纺织厂的一名退休工人，前不久，张大爷突发重疾，猝然离世。三个女儿围绕父亲的一份拆迁款开始争执不休，并且发生了激烈的肢体冲突。结果，大姐家的儿子竟然将自己的两个小姨打成轻伤。三妹一气之下，将大姐和外甥告上了法院。最后，双方对簿公堂，在法官的调解之下，姐妹三人才达成了一致协议。

茫茫人海之中，有几个同胞姐妹，这是非常难得的，况且老父亲已不在人世，姐妹之间更应该亲近一些。可是为了两间老房，你也计较，我也计较，仅剩的一点儿亲情便也荡然无存了。

越是计较，人就距离幸福越远。细想一下，骨肉之情、同胞之爱，岂是用多少金钱能够买到的？在如今市的场经济年代，人们确实需要钱财，但骨肉之间绝不只是利益。

幸福不是得到的多，而是计较的少

有句话说得好："亲情血浓于水。"兄弟姐妹心连心、背靠背，相互关照，结伴前行，这才是人生中最大的一笔财富。

结婚 12 年了，琴和杜依然像刚结婚时那样的相敬如宾。而更让杜感动的是，琴一直以来对弟弟的支持和体谅。

杜是弟兄两个，弟弟比他小五岁。和琴结婚时，弟弟正上大学，父母都已经上了年纪，弟弟每年学费以及生活花销近一万多元，都是从杜的工资里出。对此，琴从无二话。

四年后，杜和琴刚刚有了一些积蓄，但弟弟又要结婚，女方要两万元彩礼，可当时父亲的钱全用在了给母亲看病上了。还是琴主动把家里的钱拿出来，给弟弟办了婚礼。她说："反正现在还没有分家，我们先把这钱拿出来吧，总得让老二娶上媳妇。"

弟弟结婚之后第二年，兄弟俩分家。父亲有两套房子，虽然都是三居的，但面积上一个大些一个稍小些。琴说："弟弟家底子薄，把大的让给他住吧，我们先住着小的也行，反正也够住了。"对此，弟弟非常感激。

如今，弟弟已经结婚四年了。兄弟两人一直相处得很好，有什么事情，两人都是坐在一起商量着办。尽管两家都不是十分富裕，但兄弟和睦、妯娌情深，在他们看来，这比什么都好。

世间真正的幸福，常常不是得到很多，而是计较很少！在利益面前，应该稍微退让一步，照顾一下身边的亲友。虽然放弃了一些利益，但从此收获了一份温暖的亲情！

在工作中，许多人总是计较工作环境太差、总是加班、任务太重、时间太紧张、压力太大，薪水太少——如此多的计较，工作当然成了一种难耐的苦役。

爱人之间，亦是如此。许多家庭走向破裂，往往不是什么大是大非的事，恰恰是因为一些鸡毛蒜皮之事。本来不是什么大事，双方或者一方却斤斤计较，抓住不放，越是计较，就越伤感情，最终走到无可挽回的地步。

一颗心的宽容

以己度人，是一种将心比心的理解。事实上，与人方便，就是与己方便；宽容了别人，也就是解脱了自己。

有个少年去拜访一位长老，向他请教生活的幸福之道："我怎样才能让自己得到幸福，同时又给别人带来快乐呢？"

长老说："我送你四句话，你照着去做就可以达到幸福。"

"谨听教诲。"少年虔诚道。

"第一句话，就是把自己当成别人。"

少年想了想，说："在我悲痛忧伤的时候，把自己当成别人，痛苦就自然减轻了；当我欣喜若狂之时，把自己当成别人，欣喜也会变得平和，是这样的吗？"

长老点点头，说出了第二句话："把别人当成自己。"

"在别人不幸时，"少年皱着眉头道，"用心去同情别人的不幸，理解别人的难处，在别人需要时，及时地给予帮助。"

长老微微一笑，说出了第三句话："把别人当成别人。"

少年说："充分地尊重每个人的独立性，在任何情形下，都要根据别人的特点和需要来调整自己的行为。"

"很好！"长老眼中流露出赞许的目光，说出了第四句话："把自己当成自己。"

想了好一会儿，少年遗憾地说："这句话的意思，我一时悟不出来。而且这四句话之间也有许多自相矛盾之处，我用什么才能把它们统一起来呢？"

"很简单，用一颗心。"长老说道。

少年沉思良久，叩谢而去。

在与朋友的交往中，自己是否具备一种换位思考的能力，时刻从他们的角度出发去看待问题呢？朋友之间只有由己度人、以己推人，才能做到"己所不欲，勿施于人"，才能拥有真正的友情。

人之幸福，存乎一心。许多人拥有很多，却不幸福；许多人拥有很少，却很自在。许多时候，有些人活得太清醒、看得太真切，一味地计较，生活便烦恼遍地；而有些人却懂得适当地糊涂，宽厚待人，虽然活得简单粗糙些，却因此觅得了人生的大快乐。所谓"憨人多福"，正是这个道理。

第五节　说话有方

俗话说："量体裁衣。"日常说话，要根据各种人的地位、身份、文化程度、语言习惯进行不同的处理，把握好分寸，留有余地。赞扬不要过分，谦虚也应适当。

过分的谦虚

有则笑话，说一个人过分谦虚。有人到他家拜访，夸他家花瓶漂亮，他说不过是一个粗瓶；别人赞他衣服好，他又说不过是件粗衣。当客人对月饮酒，道："好一轮明月。"他忙拱手说："不敢，不敢，不过是我家一轮粗月。"这种谦虚便近乎迂腐，以至令人觉得不真诚。

一些人常常将刚演了出好戏的青年演员称为"崛起的新星"，刚发表了一首小诗便谓之"著名诗人"，这种赞扬有些是经不起时间的考验的，但水已泼出，谁又会来收场呢？同样，谦虚也应该实事求是。

豪言壮语的年轻人

说话留有余地，就要慎重选择一些限制性词语。开口"当然"，闭口"绝对"，会把交谈者吓退；把"部分"说成"一切"，把"可能"

说成"肯定"，实际上是虚张声势，往往使自己陷入被动的境地。

　　科学史上有过这样一件事：一个年轻人想到大发明家爱迪生的实验室里工作，爱迪生面试了他。这个年轻人为表示自己的雄心壮志，说："我一定会发明出一种万能溶液，它可以溶解一切物品。"爱迪生便问他："那么你想用什么器皿来放这种万能溶液呢？它不是可以溶解一切吗？"

年轻人正是把话说绝了，陷入了自相矛盾的境地。如果把"一切"换为"大部分"，爱迪生便不会反诘他了。

即使词用对了，修饰程度不同，说起来分寸就不一样。如"好"一词，可以修饰为"很好""非常好""最好""不好""很不好"等，这些比较级的使用要慎重。就好比一个人没听天气预报，明天还没到，便不可以说："明天一定会下雨。"一个人的文章写得一般，客气地说也只能是"还好"，怎么能说"非常好"呢？

有一句广告词：没有最好，只有更好。这里它用了"没有""最好"，又用了"更"，烘托出该产品精益求精的品质，展现了该企业不断进取、勇于开拓的良好形象，不失为一条"绝妙"的广告词，比如今的"极品""世界一流"更真实，更有力度。

"根本"把话说绝

好的修饰词使意思表达完整，恰到好处，过于夸张或过于缩小的修饰词，则会与客观实际相冲突，陷入两难境地。

　　屠格涅夫的小说《罗亭》中，皮卡索夫与罗亭有一段对话：

　　罗：妙极了！那么照您这样说，就没有什么信念之类的东西了？

　　皮：没有，根本不存在。

　　罗：您就是这样确信吗？

　　皮：对。

　　罗：那么，您怎么能说没有信念这种东西呢？您自己首先就有一个。

　　皮卡索夫在此用一个"根本"，把话说绝了。因此，遇到不十分有把握的事，宁可多用"可能""也许""或者""大概""一般"等表模糊意义的词，使自己的判断留有余地。

　　列宁说过："只要再多走一步，仿佛是向同方向迈的一小步，真理便会变成错误。"日常生活中，对于不同的语言环境和对象，应灵活处理，掌握不同的分寸，才能充分发挥语言的交际功能。

　　现代社会，要使别人接纳自己的意见、建议，不能威逼利诱，要使之心悦诚服，掌握说服术就显得尤为重要了。通常，要说服对方，先要了解对方，对症下药，在说服过程中要晓之以理，动之以情，耐心劝说，俗话说："冰冻三尺，非一日之寒"，动用三寸不烂之舌，耐心细致地说服对方，使之产生信赖感，并逐渐了解、赞同自己的看法，这就大功告成。然而这只是一个基本途径。"工欲善其事，必先利其器"。下面给大家介绍一下说服对方的几种技巧。

　　◇投巧法

　　它并不是指"巧言令色""花言巧语"，而是说者为了转变、征服对方，有意识地、别出心裁地构思、设计所要说的内容，并以新颖、奇特、巧妙的方式表达出来。

　　这种方法往往具备两个特点：新，即巧言都有一个新颖别致的表达形式，经常别出心裁，与众不同。有强烈的吸引力，能紧紧抓住对方。要熟练掌握这种方法，就要打破思维定式，要常常"想入非非""异想天开"，才能出新言、出奇言，达到"语不惊人死不休"。但巧言法并非哗众取宠，它不是从头脑中凭空产生的要以广博的知识为基础，以灵活的头脑为条件。还要不断从生活中获取灵感。

◇巧言法

巧言法有时确实能起到意想不到，事半功倍的效果。

有位华侨老太太游武夷山时，不小心把自己心爱的长裙划破，顿时游兴大减，山路也不愿走了。陪同她的女导游见状，和颜悦色地说："您看，这是武夷山对您有情，不要您匆匆离开这儿，叫您多看几眼呢！"老太太听了，立即转忧为喜，站起来继续登山了。

这位女导游的话说得巧妙。任何事物都有其不同的两方面，看到积极的一面，用巧言劝导、说服，能令一件不愉快的事情变成件颇具喜剧色彩的小插曲，可见巧言魅力之大。

◇"旁敲侧击"法

生活中，往往正面的劝告使人产生逆反心理，劝说不成，反而适得其反。这时不妨改变一下策略，另辟蹊径，调换个方法来劝说，从侧面打开缺口，或许能事半功倍。此所谓"东边不亮西边亮"。

荷兰物理学家彼得·塞曼，大学一年级时十分贪玩，物理成绩也不好，被人称为浪荡公子。他的母亲为此很伤心。她劝告自己的儿子，但没有单纯地说教，而是先讲述有关她家乡的往事，那里位于西海岸的一个半岛，自古以来常被大海淹没。

1860年5月24日午夜，家乡又遭到了大海的侵袭，一个孕妇在孤舟上漂流了几天几夜，产下了一个男孩—彼德·塞曼。幸亏乡民救助，母子二人才得以平安无事。接着，母亲不无悲哀地说："早知塞曼是个平庸的人，我当初就不必在海浪中拼搏努力了。"塞曼听完母亲的话，羞愧万分。从此他改掉坏习性，努力学习，最终荣获了诺贝尔物理学奖。

"旁敲侧击"法一般多以人与人的感情为媒介，人对新事物的兴趣、注意力或以列举有关事例为突破口，对其进行"攻心术"。

◇类比、对比法

要增强话语的说服力，可以像写议论文那样，运用类比、对比、举例子、摆事实、列数字等方法，以此支持自己的论证，使说服生动有力。

有一则笑话：一位老和尚本想向施主请求要两根木头，但恐怕那位施主不答应，于是他心生一计。他对施主说："请给我一栋房子。"那位施主自然不肯答应。第二次老和尚又对施主说："请给我两根木头。"施主对比上次一栋房子与这次两根木头，自然很爽快地答应了那位老和尚。

生活中巧用心思，用类比、对比法劝说对方，也许一道难题便迎刃而解了。

沟通是人与人之间，人与群之间思想与感情的传递、反馈的过程，以求思想达成一致和感情的融合。所谓的沟通，简单来讲就是指两方面能连通。

但往往在生活中、工作中，沟通却很容易被忽略掉，人们不知道沟通，不懂得沟通，接着就演变为昔日的亲人反目、好友对立，这些人们不愿看到的演变的祸首就是没有好的沟通。品性不好、态度粗暴、居高临下、盛气凌人、断章取义、自高自大、脱离实际能搞好沟通吗？我认为不能，要搞好沟通，必须具备有良好的品性基础，有礼貌、有规矩、善于判断善恶和强弱。

沟通是架起友谊的桥梁，是通向彼岸的重要方式，它涵盖于社会的方方面面，就算一个人时，也存在与自己的沟通，与环境的沟通。在与他人沟通时，不要以为自己永远是对的，要有正确的态度，在心理态度上要和他人平起平坐，不要过高估计自己，也不要一味地抬高他人，既然自己和他人正在沟通，就要相信他的诚意和能力，相信他的能力和水平不比自己低，在沟通时还应该认真地倾听他人的意见，在倾听中了解他人。

正确的态度和行为可以轻而易举的解决自私问题，沟通就变得容易。懂得这个道理，就会在沟通中掌握分寸，能够顾及他人，相处得更融洽。不因某些原因而表现得武断，而是与人商量，彼此都有参与感，相异的看法会认真地推敲，最终得到双方都予以接受的共同点，达成共识。

第六节　送人玫瑰，手有余香

在生活中，我们似乎太过关注自己的感受，而忘记了别人的存在。难道不是吗？在工作中，我们总是盯着自己的成绩暗自得意，而忽略了正处在窘境的同事；在家里，我们总是把音响的声音调得很高，只顾着自己听得过瘾，而忘记了会不会吵到邻居；夜深了，我们总是很晚才关掉电视，而忘记了会不会影响到明天还要上学的孩子和隔壁熟睡的老人。

快乐的秘诀

有这样一个浪漫的童话。

很久以前，一个小女孩走过一片草地，看见一只蝴蝶被荆棘弄伤了，她小心翼翼地为它拔掉刺，让它飞向大自然。后来，蝴蝶为了报恩，化作一位仙女，对小女孩说："您心地仁慈，就请您许个愿，我会将它实现。"小女孩想想说："我希望快乐。"于是，仙女弯下腰在她耳边悄悄细语一番，然后消失了。小女孩得到仙女的秘诀，后来果真快乐地度过了一生。

后来，小女孩就把仙女的秘诀告诉了身边所有的人，那就是："身边的每个人，都需要你给予爱心"。

给别人幸福的人，自己也是幸福的。

凝结了爱心的七色镜

在面对时时触摸的生活，面对与自己打交道的人们时，自己能否像下文的琼一样的小心呵护，给以关爱呢？其实，关心别人并不一定需要太多的钱，也并非要做得多么轰轰烈烈。

琼出生在一个贫穷的庄户人家，那年她才八岁。一天，她和几个小姐妹一起去镇上玩。她一路欢呼雀跃，因为她要用自己半年来积蓄的零用钱买一条自己期待已久的黄丝带。就在琼站在柜台前将要买下那条黄丝带时，旁边的一个小男孩突然不小心摔碎了刚买的七色镜。看着心爱的七色镜碎成了一堆玻璃，小男孩泪流不止。看着眼前的一幕，琼做出了一个新的决定：她用自己所有的钱买了一面同样的七色镜，送给了小男孩。就在那个小男孩破涕为笑时，她的心也跟着亮丽起来。

在回家路上，琼的那些小姐妹每个人手里都多了份女孩子至爱的宝物，只有她空手而归。但是，在琼的感觉里，那一天她是最富有的一个人，因为她知道了一个女孩真正的幸福是什么，它不是女孩与生俱来的美丽和物欲上的满足，而是一种让自己快乐的同时，也让别人快乐的博大无私的给予。

一面小小的七色镜的确微不足道，但因为凝结了一个人的爱心，就变得珍贵无比了。而当她赠送给那个渴望拥有它的小男孩时，他们就共有了一座美丽的天堂—那是一块童心相拥的福地！

一个小小的行动，同样可以为别人带来幸福。比如，在我们身边总会遇到这样一种人，他们总是满脸灿烂的笑容，从来不见他们有什么不快或者惆怅，带给别人的永远是快乐和温暖。是人就都会有喜怒哀乐，不可能一点烦恼没有遇到过。他们当然也遇到过，但他们总是用快乐去消融这些不快。即使背后再伤心、再难过，在人前也总是充满阳光，浑身上下流动着快乐的音符，他们总是带给别人开心、放松和亲切，朋友们也乐意与他们交往，在他们的身边，总是会有许多知心的朋友。久而久之，朋友们也会被他们强烈地感染，变成了爱笑、乐观的人！再如，在城市里，条件不错的家庭每年都会有一些旧衣物淘汰不用，与其扔掉，不如把这些衣物洗刷一下，寄给贫困地区的孩子。因为在那里，他们经常用树枝在地上写字，吃着难以下咽的饭菜。在寒冷的冬季，他们的手经常冻得生疮，而穿一件像样的新衣对他们来说更是难得。也许我们没有很高的收入，也没有多余的存款，更捐不起一座希望小学，但只需要一份爱心，尽一份绵薄之力，便能帮到一些需要帮助的人，给苦难中的人们送去一个温暖的冬天，这也是人生的一种快乐！

走在路上，看到有人摔倒在地，上前扶一把；在公共汽车上，看到老弱病残，能够主动让一下座位；在单位里，可以为身体不便的同志多跑几趟腿；在火车上，可以帮其他人放一下包裹……你力所能及的一点儿帮助，都可能为别人带来很大的方便。而在做这些事情时，内心世界会更加充实，灵魂会更加纯洁。

能够给人快乐的人，是最快乐的人；能够给人幸福的人，也是最幸福的人。用诚挚的心灵，使对方在情感上感到温暖和愉悦，在精神上得到充实和满足，自身也会收获一份美好和谐的人际关系，拥有越来越多的朋友，并得到越来广泛的支持。

送人玫瑰，手留余香。这是一种人格的魅力！更是一种做人的境界！我们送给别人一席欢笑，也把自己沉浸在了幸福之中；我们送给别人一座天堂，也给自己带来了无上的欢喜！

第 6 章

用强大的内心抵御负能量

生活中，每一个人身上都带有能量。积极、乐观、健康的人带有正能量，和这样的人交朋友，会感觉很阳光，因为他们能将正能量传递给他人，令人感受到那种快乐向上的感觉，发现"活着是一件很舒服、很有趣、很值得的事情"。而那些悲观、绝望、体弱的人则刚好相反，与他们在一起，就会不由自主地感觉到生活没有意义，就像只有灰色的调色盘。所以，如果还想看见"美丽的彩虹"，就不要和带有负能量的人交往。

对任何事情都充满激情，对任何困难都充满信心的人，总是能够在第一时间缓和气氛，第一时间解决问题。他们就像是一块永远满格的电池，能够给周围的人源源不断的能量。而在遇到较强的负能量时，他们往往还能起到中和的作用，使消极力量的影响力消退。

第一节　淡薄致远，不为名利所缚

一个人如若具备看淡名利的人生态度，那么面对生活，他也就更易于找到乐观的一面。他所看到的是人生中值得讴歌的部分，而对可望而不可即的空中楼阁没有兴趣。

自古以来，功名利禄就是一些人的人生奋斗目标。综观古今，历史上留下众多为名和利所困扰、击败的悲剧。生活的道路本来是很宽阔的，人生的价值也并不是能够用名和利来衡量的。因此，若想活得轻松自在些，就应该看淡名利，活出生活的本色。

如果一个人懂得控制内心的欲望，那么对于他来说，外界获得的东西是多是少都是不必太在意的，少了不足以产生内心的不平衡，而多了也不会助长他的欲望。假若一个人心中时刻充满着无尽的欲望，那么他也永远不会有舒心的时候。名轻利少则一心想着往上爬、挣大钱；名成利收之后，欲望却又会再一次膨胀。如此循环下去，永远追求着名利，直至生命的尽头，仍然不知满足。这样的生命还能有多大意义呢？现代人面对着花花绿绿的精彩世界，更应当有清醒的头脑，如此方能在纷繁的世界里，在自己的心中，构筑一片宁静的田园。

要能够在纷繁的大千世界始终保持着平和的心态，就要有穷通达观的人生态度。所谓穷通达观的人生态度就是指"穷亦乐，通亦乐"，身处贫穷之中能够找到生活的乐趣，感到快乐；身处富裕之中也能够心态平和，享受生活之乐。说到底，在生活中人们应该始终保持乐观的生活态度，采取一种顺应命运、随遇而安的生活方式，那么不管是处于顺境还是逆境，人都能过快乐的、自由自在的生活而不会庸人自扰，不会抱怨自己的境遇不好。

摆脱虚名浮利的捆绑

淡泊名利是人生幸福的重要前提。如果渴望轻松，渴望真正地获得生命的意义，那么从现在起，就把名利看得淡一些。

一对夫妻年轻时共同创业，到了中年终于小有成就，公司净资产一千多万，而且发展势头良好。提起这对夫妻档，商界的朋友都伸大拇指。然而就在他们的事业如日中天的时候，两人却隐退了。他们辞去了董事长和总经理的位置，将大部分股份卖给一个他们平时就很欣赏的企业家，将房子和车委托给好朋友照管，两个人潇洒地去环游世界了。消息传出后，大家都觉得太可惜，一些亲戚朋友也不理解，讽刺他们说："年纪这么大了，办事却像小孩子一样，那么大的家业说丢就丢，放着好好的老总不做，偏要去环游世界！"

在一些人眼里，这对夫妻确实很傻，竟然抛下名利，从此以后，他们再也体验不到当初前呼后拥的风光和大把大把赚钱的乐趣了。其实，这对夫妻自有他们对生活的理解和选择，他们抛弃了虚名浮利，恰好是要感受生活的真正乐趣。

名望，是一种荣誉，一种地位。有了名望，通常可以万事亨通，光宗耀祖。名望确实能给人带来诸多好处，因而不少人为了一时的虚名所带来的好处，会忘我地去追求名望。

然而，沉溺于名望会使人找不到充实感，令人备感生活的空虚与落寞。尤为可怕的是，虚名在凡人看来，往往闪耀着耀眼的光芒，引诱人们去追逐它。尽管虚名本身并无任何价值可言，也没有任何意义，但是总有那么一些人为了虚名而展开搏杀。真正体会到生命的意义、人生的真谛的人都不会过于看重虚名。其实，实在没有必要为了得到一个毫无价值、毫无意义的虚名而去钩心斗角，打得头破血流，反目成仇。

毋庸置疑，钱是一种财富，是让生活更加舒适的保证。有了钱，就可以住豪宅、开名车、吃大餐。在一些人眼里，金钱甚至是一种带有魔力的、可以让人为所欲为的东西。然而任何事情都有相反的一面，金钱也会给人带来很多麻烦。人的一生面临许多关卡，许多事情都是难以预料的。不管是地位还是财富，或许顷刻之间就会离自己而去，荣耀风光成为黄粱一梦。一些人老谋深算，为了争名夺利，不择手段地算计他人，可在突然之间却已被他人算计。人何必活得这么辛苦，又何必活得这么虚妄？

对必然的事轻快地承受，就像杨柳承受风雨。每个人在一生中都会有得意或失意，对待两种不同境况的态度，也是检验一个人处世态度的标准。站在台上的时候，要做好下台的准备；坐在台下的时候，就应该随时准备上台。

人生是一个大舞台，没有人永远在台上，也没有人永远在台下，唯有把握住上台时演出的角色，那么不管是主角或者是配角，都是值得鼓掌的。所谓的在台上，就是自己享受名利的时候，是被人所羡慕的时候，那就应努力扮演好自己的角色，尽自己的责任；所谓的下台就是人生不如意的时候，此时也不必感叹，不如做个最好的观众，给予台上的人热情的掌声。

在台上，固然是众所瞩目的所在，但是所受的压力较大，且容易成为被攻击的目标；在台下，虽然无法光芒四射，但若能沉潜自得，倒可明哲保身，悠然自得。要留在台上或者是走下台，的确考验着每个人的智慧，台上也许风光，但是没有永远不凋谢的花朵，常春树固然可喜可贺，但也要随时做好下台的准备。唯有懂得何时上台、何时应该下台的人生哲学，才能在社会上找到安身立命的处世原则。

纵观一个人的人生道路，大都呈波浪起伏、凹凸不平之状。但当一个人集荣华富贵于一身时，是否想到会有高处不胜寒的危机，有长江后浪逐前浪的窘迫呢？不要过分贪恋巅峰时的荣耀和风光，趁着巅峰将过未过之时，从容地撤离高地，或许下得山来还有另一番风光呢。

拿得起也要放得下

人生旅途中，总会遇到某些不得已的情况而不得不"放下"。比如，一个人到了年迈体衰时，就有突然遭遇"被剥夺"辉煌的可能，这当然也是考验人如何对待"拿"和"放"的时候。

有一个拳手，在连续获得 203 场胜利之后却突然宣布退役，而那时他才 28 岁，因此引起很多人的猜测，以为他出了什么问题。其实不然，这个拳手无疑是明智的，因为他感觉到自己运动的巅峰状态已是明日黄花，以往那种求胜的意志也在迅速落潮，这才主动宣布撤退，去当了教练。应该说，他的选择虽然有所失，甚至有些无奈，然而从长远来看，却也是一种如释重负、坦然平和的选择。比起那种硬充好汉者来说，他是英雄，因为他毕竟是消失于人生最高处的亮点上，给世人留下的毕竟是一个微笑。

做一个明智的人，既然"拿得起"那颇有分量的光环，也同样应当"放得下"它，从而使自己步入柳暗花明的新天地，做出另一种有意义的选择。这样，又有什么惆怅或遗憾的呢？

美国第一位总统、开国元勋华盛顿连任一届总统后便坚持不再连任。他离任时，坦然地出席告别宴会，坦然地向人们举杯祝福。次日，他又坦然地参加了新任总统亚当斯的宣誓就职仪式。然后，他挥动着礼帽，坦然地回到了家乡维农山庄。这一瞬间，却给历史留下了永恒的光彩。

英国著名科学家赫胥黎，因其卓越的贡献而享有崇高的声望，然而到了80岁时，他毅然辞去了所任的教授、渔业部视察官等职务。最后，他还辞去了一生中最高的荣誉职务——英国皇家学会会长。不难设想，此时赫胥黎的心情何其沉重、心绪多么复杂，他甚至在发表了辞职演说后对友人这样说："我刚刚宣读了我去世的官方讣告。"尽管如此，他毕竟如此"放下"了，在没人强迫的情况下如此"放下"了。

一个职务，一种头衔，自然意味着一个人在社会上所取得的成就和地位，它的意义是不言而喻的。然而，华盛顿和赫胥黎都"拿"到了自己人生中最高的辉煌，可他们又都主动"放"下去了。一位名人说得好："重要的并非是你拥有了什么，而在于你忍受了什么。"以坦然和克制的态度去承受离任或离职之"放"的人，应该说，他活出了一份潇洒与光彩，活出了一种落落大方的风范。

生活中，一个人有可能遭遇到这样一些情形：人生，无论功绩或是职务，均未达到最佳状态和最高峰，却因为意外地遭受到某种打击，迫使人去直面"放下"的窘迫。这时候，最重要的也许是尽快学会如何"爬起来"。"跌下去不疼，爬起来才疼"，这就是痛定思痛的一种表现了。反思固然必要，可是，如若长久地斤斤计较于"痛"上面，那就反而作茧自缚、手足无措了。

美国南北战争时期，南军的主将罗伯特在投降仪式上签字以后，心情十分沉重。他默默地回到弗吉尼亚，避开了所有的公共集会及所有爱戴他的人们。后来，他又默默地接受了政府的邀请，出任华盛顿学院院长一职。不耽于沮丧与懊悔，一场复兴家园的"战役"始终在默默地进行之中。

爱因斯坦说："一个人真正的价值，首先在于他在多大程度上和什么意义上从自我中解放出来。"应该说，罗伯特是明智的。他懂得："将军的使命不单单在于把年轻人送上战场拼杀，更重要的是教会他们如何去实现人生价值。"他是真正弄懂了如何在"放得下"中实现自己价值的人，像罗伯特那样跌倒之后又爬起，"拿起"之后又"放下"，这里面的勇气和坦诚是令人钦佩的。

第二节　克服虚荣，培养稳重心态

想要自信自强、追求生活的真实，首先要学会和爱慕虚荣说再见。

不做虚荣的奴隶

如果仔细留意一下现实的生活，就不难发现，初次见面的两个人，在相互打招呼的瞬间，就会将对方从头到脚打量一遍，来确定对方的价值。比如对方的饰品、服装以及携带物，都是可以评估的对象。如果哪位身上佩戴着贵重的饰品时，那就会更加认真地"研究"一番，以确定它是真品还是赝品，价钱多少等。

一天，两位穿戴华丽的夫人，在豪华的商场珠宝行相遇了。

一位夫人说："你瞧，这颗亮晶晶的钻戒真漂亮，我打算买下来。你呢，看中哪一款了？"

"哦，那好啊。但我却不打算买，并不是这些珠宝不够漂亮，我是看它们好像有些灰尘，一定是摆的时间太久了。"

另一位夫人回答："没关系，我家里有昂贵的法国红酒，买回去清洗一下就行了。"

"哎哟！你还要用红酒来清洗呀？真是太麻烦了。我的珠宝只要一沾了灰尘，就扔掉了！"

这个故事生动地反映了两个女人爱慕虚荣的心理：一个用买钻戒来表现自己的富有，用昂贵的红酒清洗来炫耀自己奢侈的生活；而另一个则表示自己的钻戒沾了一点儿灰尘"就扔掉"来表明其傲气与富有。可见，两人的"虚荣情结"是多么的深刻。

心理医生告诉人们，预防虚荣行为，要及时进行自我心理纠正。如果个人已经出现自夸、说谎、嫉妒等行为，可以采用自我心理训练，就是给自己施加一定的自我惩罚，如用套在手腕上的皮筋反弹自己，以求警示与干预作用。久而久之，虚荣行为就会逐渐消退。虚荣给人们带来的麻烦是有目共睹的，所以要抛掉那一层华而不实的外衣，千万不要成为虚荣的奴隶。

克服虚荣的方法

克服虚荣的心理，首先应该提高自我认知，正确认识自己的优缺点，分清自尊和虚荣的界限。要懂得诚实、正直是做人最起码的要求，绝不能为了一时的心理满足而扭曲了心灵。一个人只有做到自尊自重，才不会在外界的干扰下失去人格。所以，我们要珍惜自己的人格，崇高的人格就可以使虚荣心没有机会占据上风。

人应该追求内心真实的美，不图华丽的虚名。一个人追求真实，就不会通过不正当的手段来炫耀自己，就不会徒有虚名、华而不实。很多人能在平凡的岗位上做出不平凡的成绩，就是因为有自己的理想。同时，要正确评价自己，既要看到自己的长处也要看到自己的不足，时刻把实现理想作为主要的努力方向，就不会心有杂念。

其次，还要树立正确的荣辱观。对荣誉、地位、得失、面子要有一种正确的认识。一个人活在世界上要有一定的荣誉与地位，这是心理的需要。每个人都应十分珍惜和爱护自己的荣誉与地位，但这种追求必须与个人的社会角色相一致，才不会出偏差。关于"面子"不可没有，也不能强求，如果"打肿脸充胖子"，过分追求虚荣来显示自己，就会使自己的生活过得很不舒服。

再次，要认识到虚荣所带来的危害。一些虚荣心很强的人，往往都意识不到自己的虚荣，不肯承认自己的虚荣行为，进而很难克服虚荣。要清楚虚荣是一种虚假的荣誉，它可能得到一时的满足，填补一下内心的空虚，却解决不了根本问题。但虚荣的人却会为它背上沉重的包袱，并时刻担心失去它，一旦失去，就会痛苦不堪。

最后，做人要脚踏实地，养成实事求是的作风。过于虚荣的人往往都情绪不稳，能满足虚荣心时，就有很高的热情；一旦虚荣心得不到满足，情绪就会一落千丈。因此，克服虚荣心要从实际出发，踏实学习、工作，培养、锻炼自己的真才实学和良好的心理素质，这样才能挣脱虚荣的魔咒。

另外，攀比也是诱发虚荣的一个主要原因。如果一味地去跟他人比较，心理永远都无法平衡，反而会促使虚荣越发强烈。所以，要正确对待别人的评价，正确看待他人的优越条件，以此作为自己前进的榜样。

要通过自己的实际努力来满足自己的需要。只有自信和自强，才能不被虚荣心所驱使，才能成为一个有高尚品格的人。

第三节　知足常乐，脱掉 "贪婪" 的外衣

人的需要其实并不高，自然，无限的欲望也是不理智的。人只有放下过分、过强的欲望，才能让自己被重重压迫的心灵得到舒缓和解放。

知足的坦然

人生在世，尽自己的能力为自己，也为他人创造幸福，或创造自己最满意的生活，这是合情合理的。但在为理想而拼搏的时候，也必须正视这样的事实：拼搏归拼搏，现实归现实，两者之间的反差也是较大的。每个人都在拼搏，但并不一定每个人都能得到最满意的结果。每个人都必须有勇气，有一个好心态来接受自己努力的结果，哪怕是较差的结果，知足常乐才是最主要的。

神话中，宙斯结婚时举行盛大宴会，招待所有的神及所有的动物，但乌龟没有出席。过后，宙斯问乌龟为什么不来赴宴，乌龟回答说："我家里既没有醇酒美食，华衣乐舞，更没有豪华的宫殿、气派的居所，我也享受不过来那么多好东西，我觉得在家挺好的，所以没去。"

听了乌龟的这番回答，宙斯气愤至极，就罚乌龟永远驮着他的家行走。

乌龟的好友不解地问："你怎么就不悲伤呢？"

乌龟答道："我拥有这么美好的一个家，我的老父老母虽然好几百岁了，可它们的身子骨还硬朗着呢！再活上百八十年也没有问题；我的一双儿女虽然年幼，但它们聪明伶俐，将来一定会有出息；我的妻子虽然偶尔会有些小病，但它坚强乐观，待公婆也特别孝顺；我吃的虽是粗茶淡饭，但都清洁卫生、新鲜可口；我虽然不是油亮毛皮，但是结实耐穿；我的生活每天都能面对阳光，面对清泉。老天待我不薄啦！我还不知足吗？"

动物们听了这一席话，不禁充满羡慕地感叹道："说得有道理。"

生活中常能看见抱怨的人、愁眉苦脸的人。他们那种追求物质享受的无穷欲望，使他们成为财富的奴隶。买了大房子还想买更大的房子，小汽车换了一辆又一辆，家具换了一套又一套。那无限膨胀的对财富、对权利的欲望，影响了健康、爱情、婚姻、家庭及身心快乐，整天疲于奔命、寝食难安，烦恼无限。更有甚者，忙碌中也达不到目的，就铤而走险，采取违法手段来满足欲望。

反之，生活中坦然、快乐的人倒是那些出入平常居室的人，他们没有尔虞我诈，没有卑躬屈膝，生活十分安稳。

淘到金子的人

曾有两个墨西哥人沿密西西比河淘金，到了一个河岔时两人分了手。因为有个人认为：阿肯色河可以淘到更多的金子，而另一个人认为该去俄亥俄河，那里发财的机会更大。

十年后，去俄亥俄河的人果然发了财，在那儿他不仅找到了大量的金沙，而且建了码头，修了公路，还使他落脚的地方成了一个大集镇。现在俄亥俄河岸边的匹兹堡市商业繁荣，工业发达，无不起因于他的拓荒和早期开发。

而进入阿肯色河的人似乎没有那么幸运，自分手后就没了音讯。有的说已经葬身鱼腹，有的说已经回了墨西哥。

直到50年后，一块重达27公斤的自然金块在匹兹堡引起轰动，人们才知道他的一些情况。当时，匹兹堡《新闻周刊》的一位记者曾对这块金子进行跟踪，他写道："这块全美最大的自然金块来源于阿肯色，是一位年轻人在他屋后的鱼塘里捡到的，从他祖父留下的日记看，这块金子是他的祖父扔进去的。"

随后，《新闻周刊》刊登了那位祖父的日记。其中一篇是这样的："昨天，我在溪水里又发现了一块金子，比去年淘到的那块更大，进城卖掉它吗？那就会有成百上千的人拥向这儿，我和妻子亲手用一根根圆木搭建的棚屋，挥洒汗水开垦的菜园和屋后的池塘、傍晚的火堆、忠诚的猎狗、美味的炖肉，还有山雀、树木、天空、草原，大自然赠给我们的珍贵的静逸和自由都将不复存在。我宁愿看到它被扔进鱼塘时荡起的水花，也不愿眼睁睁地望着这一切从我眼前消失。"

18世纪60年代正是美国开始创造百万富翁的年代，每个人都在疯狂地追求金钱。可是，这位淘金者却把淘到的金子扔掉了。有人认为他是傻瓜，直到现在还有人在惋惜。可事实上，这个人才是真正的智者，是真正淘到"金子"的人。

老子曾说过一句话："知足不辱，知止不殆，可以长久。"千年而下，这句话依然对人有着深刻的意义。

贪心不足蛇吞象

生命就如同一叶扁舟，随心而行，才能轻松自在。如果心灵附着的欲望太多太重，就如同那双溪舴艋小船，载不动许多烦忧，自然就会愁肠百结、痛苦不堪。

从前有个樵夫，以打柴为生。每天，他早出晚归，辛勤劳作。生活虽不富裕，倒也清闲自在。有一天，樵夫在山上意外地挖出了一座金罗汉。转眼间，他从一个穷光蛋变成了百万富翁。于是，他买房置地，宴请宾朋，好不热闹。按理说，樵夫应该高兴才对，毕竟可以告别贫穷，享尽荣华富贵了。可他只高兴了一阵子，很快就回到房里犯起愁来。从此，他茶饭不思，坐卧不安。

老婆看在眼里，上前劝道："现在吃穿不缺，又有良田美宅，你为什么还发愁？难道是怕人来偷？"樵夫皱着眉头道："一个妇道人家懂得什么！被人偷只不过是小事，关键是罗汉一般都是18个。这18个金罗汉，我才得到了其中一个，那17个还不知道埋在哪里，我怎么能安心？"

后来，樵夫抱着金罗汉整日愁眉不展，落得疾病缠身，最终一命呜呼。

有句话叫"人心不足蛇吞象"，用此来形容这位樵夫是再形象不过了。他总是在追求富贵，却忘记了一点，真正的富贵，不在于财富金银，而在于内心的满足。因为人的心一旦与欲望牵扯到一起，就很难再有知足和快乐的时候了，要想享受真正的人生乐趣，首先就要懂得凡事知足。

求得心安才是家

A 和 B 是高中时的同班同学。两人学习都很优秀，一起考上了大学。A 进入了一家政法学院，毕业后被分配到法院工作。而 B 则进入一家财经学院，毕业后进入了一家税务所工作。后来，B 辞职下海，开了一家网吧。

刚开始，两人还不时小聚。因为境遇差不多，所以经常无话不谈。然而几年下来，两人的境遇开始高下有别。经过一番努力，A 终于成为该法院的一名法官。然而，随着职位的升迁，社会上找他"办事"的人越来越多。因为手里掌握着量刑的分寸，他的位置炙手可热。同学们聚会，大家发现，A 明显地发福了，开上了好车，住上了别墅。然而，有谁知道，A 每天过得并不舒坦。因为他心里清楚，那些好车，别墅都是贪赃枉法得来的。虽然在外人面前，他这个法官风光无限，然而每天晚上躺在床上，他都忍不住地冒冷汗。他虽然是个法官，但每次听到警笛的响声，他都觉得是那样刺耳。晚上睡觉时，他时常会从噩梦中惊醒。

B 则不同。他和妻子经营着自己的小网吧，生意不温不火，但足够他们全家人的生活开支了。在生意上，虽然也常遇到一些烦恼，但在亲友的帮助下，他们每次都能化险为夷。和 A 相比，B 只能算一介草民了，然而他过得洒脱自在。没事的时候，他常带着妻儿去公园里打球。一家人欢声笑语，其乐融融。他们吃穿用度也很朴素，但流的是自己的汗，赚的是自己的钱，每天晚上都睡得踏踏实实。

和 A 相比，B 无疑寒酸多了。他没有 A 炙手的权势、显赫的富贵。然而，若论活得轻松自在，B 却要比 A 强上百倍，因为他的心灵是实在的、宁静的。A虽然得到了世人仰慕的荣华富贵，但他的内心时刻接受着良知和道德的鞭挞，充满着对未来东窗事发的担忧。即使在睡梦中，他也难得片刻轻松！这样的人生，又有何快乐可言呢？

有句话说得好："求得心安才是家！"

的确，这个世界有太多令人心旌荡漾的东西。如果一个人不能忠于自己的职守，不能尽到自己分内的一份责任，即使拥豪宅、坐名车、食珍馐、饮佳酿，也未必能够体味到一丝心安的滋味。

面对世事百态，我们何不选择一份安宁恬淡？只有懂得知足，才会感到快乐无比。只有无愧于心，才能得到真正的安宁。在知足中享受一份快乐，在宁静中寻找一份惬意，如此才能把握幸福的根本，守住精神的家园。

知足者，贫穷亦乐；不知足者，富贵亦忧。只有心中知足了，灵魂富裕了，丰盈的芳香才会从心底溢出，快乐四处弥漫！淡然面对自己经历的事情，心中便能衍生悠然，从而享受幸福。

第四节　自强自立，做自己内心的主人

一个深刻的生活道理是——决定一个人角色的并不是剧本，而是这个人身上所拥有的正能量。也就是说，想要成为什么样的人，其实取决于自己。

挖掘自己身上的正能量

在生活的舞台上，总是存在着主角和配角。一个人究竟会扮演怎样的角色？说到底是由其身上蕴含的能量决定的。如果一个人身上都是负面能量，那就只能做一个配角；反之，如果爆发的都是正面的能量，那一定会成为一个主角。

于是，问题就变成了怎样让自己成为生活舞台上那颗最耀眼的明星。

有人说："我们可以向那些引人注目的人物学习，学习他们的风度、讲话方式、处世哲学等每一个生活细节。"如果真的尝试过这么做，就会发现，无论在这些细节上花费多少时间和精力，最终的结果都是在原地打转，并没有获得哪怕是一点点的进步。这是因为，大多观察者的目光过多地关注了一些细枝末节，而忽视了主角身上那种强大的能量。

如果注意观察，就会发现，当一个能量强大的人出现在大家面前时，所有人都会感受到他的那种感染力，都会试图与他进行更深层次的交流。如果具有观察一个人身上隐藏的能量的能力，就会发现在他周围总是有那么一股耀眼的光圈。

美国总统奥巴马是一个具有强大能量的人，这让他征服了世界上的很多人，而不仅仅限于那些美国的选民。在确认自己赢得总统竞选时，奥巴马在芝加哥发表了热情洋溢的演讲，他说："今天晚上，我想到了安妮在美国过去100年间的种种经历：心痛和希望，那些我们被告知有些事情我们永远无法办到的时代，以及我们现在这个时代。现在，我们仍然坚信美国式的信念——是的，我们能！"

"在那个时代，妇女发不出自己的声音，她们的希望被剥夺。但是安妮活到了今天，看到美国妇女都站了起来，并且能够获得选举权，大声发表意见。是的，我们能。安妮经历了上世纪30年代的大萧条。农田荒芜，经济衰退，绝望笼罩了美国大地。她看到了美国以新政、新的就业机会以及崭新的共同追求战胜了恐慌。是的，我们能。"

"二战时期，炸弹袭击我们的海港，全世界都受到了法西斯的挑衅和威胁，安妮见证了一代美国人的英雄本色，他们捍卫了民主。是的，我们能。安妮经历了蒙哥马利公交车事件、伯明翰黑人暴动事件、塞尔马血腥周末事件。来自亚特兰大的一位牧师告诉人们：我们终将胜利。是的，我们能。人类登上了月球，柏林墙倒下了，科学和想象把世界连在一块儿。在今年的这次选举中，安妮的手指轻触电子屏幕，投下自己的一票。她在美国生活了106年，其间有最美好的时光，也有最黑暗的时刻，她知道美国能够变革。是的，我们能。"

通过奥巴马的演讲，可以感受到一股强大的能量，这种能量让人激动，产生信任，继而产生共鸣。这就是那个吸引了全世界目光的奥巴马，他凭着自己那股强大的正能量，成功地赢得了无数美国人的支持，并让他从一个普通的州参议员变成了万众瞩目的美国总统。那天晚上，芝加哥共有百万民众在现场倾听奥巴马极具感染力的演讲。他们为奥巴马鼓掌，为奥巴马欢呼，奥巴马成了总统竞选中当之无愧的主角，所有这一切都源自他那超级强大的能量场。

这就是奥巴马给人的启示。如果想要成为生活舞台上的主角，就要想办法挖掘自己身上的正能量，除此之外，没有别的任何办法。因为除了你自己，没有人可以决定自己在人生舞台上的位置。正能量的大小决定了自己的位置，决定了自己在生活和工作中的角色。那么，开始挖掘自己身上潜在的巨大能量吧！只要不懈努力，就可以拥有让人折服的强大能量。

做一个自立自强的人

与其做一个平庸的人，一个可有可无的人，不如做一个自立自强的人。当你成为一个自立自强的人的时候，别人就会明白你的存在是非常有价值的，也是别人所不能替代的。

鹰妈妈给了小鹰第一次生命，然而第二次、第三次生命却要靠小鹰自己争取回来，因为在鹰家族中，每一只小鹰要成长为雄鹰，都必须经历多次"鬼门关"，过了这些坎儿，才能获得重生；一旦不能自立，将会被淘汰，这是鹰妈妈也无能为力的。小鹰第一次脱毛，便是第一道坎，这道坎完全是凭借着小鹰自己的意志力去与生命抗横的，在这场激烈抗衡的过程中，那些不能自立，没有毅力的小鹰就将被死神带走，而那些具有顽强毅力，在离开妈妈的呵护后能自立的小鹰才能生存下来。学会展翅高飞，是小鹰成为雄鹰的又一个难关。在历练的时候，有时鹰妈妈要把小鹰推下山崖，如果小鹰没有自立自强的顽强意志，那就将粉身碎骨。

在动物界，动物们需要自立、自强，在人类世界也同样如此。张海迪虽然一生轮椅相伴，不能"步足千里"，却可以"阅览天下"。她凭着顽强的毅力学会了三门外语，这对于一般人来说都是一件很难的事情，然而，张海迪却凭着自立自强的精神做到了。不仅如此，她在文学创作方面也有显著成就。在她的作品中，可以很明显地看出她那种自强不息、自立的性格。如果她不是一个自立的人，任凭自己是残疾人而依赖别人，她会有今天的辉煌成就吗？

然而，在当今这个社会上，有一些人就是拥有极大依赖思想的人，他们被称之为"啃老族",大啃社会,小啃父母,整天游手好闲。这些游手好闲、吃饱了没事干的人,他们大事做不来,小事又不愿做,整天无所事事,这样的人就是一种极其缺乏自立精神的人。他们这些人不能独立生存,要靠父母或社会支援,然而父母也不能照看他们一辈子。别人的支援也是有限的,自己的本领才是无限的,这样的人必将被社会所淘汰。希望这样的人越少越好,不然,他们会像庄稼里的蝗虫、堤岸上的白蚁,祸害人间。为此,每个人必须学会自立,学会自强,不要成为别人的包袱。然而,要想不成为别人的包袱,不被社会所淘汰,就必须从小学会自立。

第五节　把消极转化为积极的能量

在日常的工作和生活中,消极情绪和负面能量的出现在所难免。但是,一个正能量强大的人,是不会容忍自己一直消极下去的,因为他懂得自我调节和自我控制。他会运用自己强大的正能量将消极情绪转化为积极的力量,从而让自己振作起来。正能量强大的人都具有一些别人身上没有的动力,这些动力正能量大致包括以下几种。

执　着

执着的人对自己的理想和目标更加坚定,他们在做事的时候会更专注,这种精神状态有助于事情达到最好的效果,因为专注就是一种正能量。当一个人专注于某件事情的时候,心灵会产生促使事情向好的方向转变的能量,因为渴望的心情会使一个人的能量变得更强大。想要拥有执着的气场，既很简单也很复杂，只要人一步一步地向前走就可以。但是一直不停地向前走也是一件很困难的事情，这需要人能够坚持下去。简单地说，执着就是在对的方向上坚持、坚持、再坚持。

向　上

当人的身心进入能量场之后，自身的精神状态就会受到不同能量的影响，特别是主导能量的影响，这个时候，人的精神面貌就会呈现出主导能量的特性。而正面的、向上的能量导向可以促使人们克服困难，不断前进，同时还可以帮助人们产生更多的正面能量，使正面能量成为主宰精神状况的主导能量，从而使人的行动和思想变得更加积极。这就是正能量的意义，它给人以向更高目标冲击的力量。所以，向上的心态是每个人应重点培养的，因为这是使人前进的动力能量。

乐　观

乐观是一种长期存在的心态，它并不是为了解决某一个问题而短期存在的。乐观的心态需要长时间的培养，如果为了一件事情而放弃乐观的心态，那一个人心里的正能量就会衰竭。如果一个人失去了对于未来的念想与渴望，那就会有负能量出来助长这种消极想法。更为严重的是，时间长了，还会丧失对自己的信任。

有个中专生毕业后应聘到邮局当了邮递员，每天骑着一辆绿色自行车走街串巷。他为这份工作感到很自卑，骑车经过熟人身边时，常常加快速度，生怕别人问起。他买了副墨镜，天天戴着，轻易不肯摘下。他讨厌这份工作，但又不得不干，因为他需要这份工作养活自己。

　　一天，他送一封特快专递给一位客户，客户住在16楼，而电梯因为夏天城市限电而停运了。他诅咒着拿起那封特快专递，气喘吁吁地爬上16楼，但收件人却不在家。下楼的时候，他郁闷极了。突然，一张纸片从那封信里飘了出来（信封口脱胶了），他从地上捡起那张纸片，准备塞入信封，但他突然看到了上面的一行字："A市花泥暴涨，每斤最高可卖五角钱。"

　　他养过花，知道花泥对花的重要性。他也知道城里有个人工湖正在清淤，那些淤泥经过简单处理后就是上好的花泥。他向单位请了三天假，赶到A市最大的花鸟市场，一打听，花泥价格果然上涨。他和一位求购花泥的摊主谈妥了价格和数量，急忙赶回来雇了十几个民工处理那些被倒掉的淤泥，很快就得到了一吨花泥。花泥运到A市后，除去各种成本，他净赚五千元。

　　尝到甜头的他又雇民工继续处理淤泥。清理第二批淤泥，他又赚了一万多元。当A市的商人知道那些上好的花泥来源于人工湖的淤泥时，纷纷前来挖取，而他却已有了近两万元的收入。

　　三年后，这位邮递员成为一家包装袋厂厂长，他已积累了100多万元资金，有了一辆高级轿车。他之所以创办一个包装袋厂，是因为一次在分拣信件时，邮局没有包装袋，而主任说包装袋需要到省城去购买。于是，他就用贩销花泥的两万元创办了包装袋厂。

　　许多人对他在短时间内从一个邮递员到企业老总的变化感慨万千。他却说："这个世界上没有一份工作是让人讨厌的，都应该好好善待，只要你眼光好，它就有可能成为你腾飞的起点。"

人应该随时注意保持乐观的心态，长此以往，自己得到的就不仅仅

是正面能量，还会有梦寐以求的成功。

主　动

如果一个人什么都不做，那他的能量中心就没有办法提供更多的能量来供其使用。相反，如果能积极主动地去做一件事情，那么这种愿望就会带动人的大脑运转的速度，体内的能量中心就会因此而提供更多的能量。其实这也是一个能量积累的过程。也就是说，在这个过程中，正面能量会越积越多，最终产生的积极效果可能你自己都会难以置信。因此，一个有强烈进取心的人应主动去争取一些事情，而不是被动地接受。

曾长期担任菲律宾外长的罗慕洛穿上鞋时身高只有1.63米。原先，他与其他人一样，为自己的身材而自惭形秽。年轻时，也穿过高跟鞋，但这种方法终令他不舒服，精神上的不舒服。他感到自欺欺人，于是便把它扔了。后来，在他的一生中，他的许多成就却与他的"矮"有关，也就是说，矮反倒促使他成功。以至他说出这样的话："但愿我生生世世都是矮子。"

1935年，大多数的美国人尚不知道罗慕洛为何许人也。那时，他应邀到圣母大学接受荣誉学位，并且发表演讲。那天，高大的罗斯福总统也是演讲人，事后，他笑吟吟地怪罗慕洛"抢了美国总统的风头"。更值得回味的是，1945年，联合国创立会议在旧金山举行。罗慕洛以无足轻重的菲律宾代表团团长身份，应邀发表演说。讲台差不多和他一般高。等大家静下来，罗慕洛庄严地说出一句："我们就把这个会场当作最后的战场吧。"这时，全场登时寂然，接着爆发出一阵掌声。最后，他以"维护尊严，言辞和思想比枪炮更有力量……唯一牢不可破的防线是互助互谅的防线"结束演讲时，全场响起了暴风雨般的掌声。

后来，他分析道：如果大个子说这番话，听众可能客客气气地鼓一下掌，但菲律宾那时离独立还有一年，自己又是矮子，由他来说，就有意想不到的效果，从那天起，小小的菲律宾在联合国中就被各国当作资格十足的国家了。

罗慕洛认为矮子比高个子有着天赋的优势。矮子起初总被人轻视。后来有了表现，别人就觉得出乎意料，不由得佩服起来，在人们的心目中，成就格外出色，以至平常的事一经他手，就似乎成了破石惊天之举。纵然存在一些缺点，仍有成功的机会。

只要肯承认自己的缺点，并积极努力超越缺点，甚至可以把它转化为发展自己的机会。消极心态会产生负能量，最终损害人们的生活和事业；积极心态则有助于心灵产生正面积极的能量。事实上，正能量、负能量会随着时间、地点、环境、个人情绪等很多因素的变化而变化。因此必须要具备一些能使消极心态转化为积极心态的动力，这样一个人的内心和自身的能量才会更加强大。

第六节　远离充满负能量的人

生活中，每一个人身上都带有能量。积极、乐观、健康的人带有正能量，和这样的人交朋友会感觉很阳光，因为他们能将正能量传递出来，令人感染到那种快乐向上的感觉，使他人觉得"活着是一件很舒服、很有趣、很值得的事情"。而那些悲观、绝望、体弱的人则刚好相反，与他们在一起就会不由自主地感觉到生活没有意义，就像只有灰色的调色盘。所以，如果还想看见"美丽的彩虹"，不要和带有负能量的人交朋友。

只看到空杯的人

对任何事情都充满激情，对任何困难都充满信心的人总是能够在第一时间缓和气氛，第一时间解决问题。他对任何事情都充满激情，对任何困难都充满信心的人总是能够在第一时间缓和气氛，第一时间解决问题。他们就像是一块永远满格的电池，能够给周围的人源源不断的能量。而在遇到较强的负能量时，他们往往还能起到中和的作用，使消极力量的影响力消退。

露西有两个同事，一个叫米拉，一个叫茉莉亚。米拉开朗乐观，茉莉亚多愁善感。露西原本就属于比较内向的人，所以她与茉莉亚走得比较近，两人关系随着时间的推移也越发亲密。茉莉亚贤淑善良，温柔似水，但是由于太过于悲天悯人，总给人一种很消极的感觉。露西与她交往中发现，她对什么事情都提不起兴趣。一个东西摆在她面前，她总习惯性地看到不足，并指出这里不好、那里不好，对未来悲观绝望。"以后一个人过了，不会有好男人"，"现在还这个样子，以后就更不行了"，一边固守现状一边抱怨生活，茉莉亚总是沉浸在自己的悲观中恍恍惚惚，不敢改变，坚定地认为改变之后肯定更糟，尽管现在也很糟糕。久而久之，露西的情绪也被感染了，对任何事情她都会感觉绵软无力，丝毫没有精神。

一次，米拉邀请露西一起逛街。也正是这次接触，让露西的生活出现了很大的变化。米拉的热情与阳光让露西突然感觉生活充满了乐趣，每当她与米拉在大街上毫无顾忌地大笑时，露西都会感觉周围投来的都是美慕的目光，这让露西的自信顿时提升了很多。并且，米拉积极、自信、努力，有思想、有主见，而这恰恰是露西身上缺少的。于是在之后的日子里，露西变得开朗多了，她的变化让周围的人都感到非常吃惊。这样一个开朗乐观、青春洋溢的女孩又有谁不喜欢呢？于是，露西的身边突然就多了很多像米拉一样的朋友。但是茉莉亚却依旧躲在她自己的小圈子里，甚至连露西她都不愿意与之交往了。

一个礼拜后，茉莉亚被辞退了，原因是她自己的情绪严重影响了工作。一个月后，露西得到了茉莉亚自杀的消息，原来茉莉亚认为人生已经了无生趣了。露西在惋惜之余也有一些庆幸，如果自己一直和茉莉亚一样在悲观的世界里不肯出来，或许自己最终也会走到那一步。

有这样一句话："装了一半水的杯子，乐观的人看到的是半杯水，悲观的人看到的是半个空杯。"其实，无论怎么看，那个杯子都是装了一半的水，不以任何人的意志为转移。

那么，为何不让自己满足一点儿、快乐一点儿呢？茉莉亚就是那个只看到半个空杯的人，除非是有足够的意志力的人，否则还是不要和这种带有负能量的人交朋友。

蔡康永在接受记者采访，对小S进行评价时说："小S是个很好玩的人。她个性本身就是很乐天，很有活力，这个朋友让我觉得活着是一件很值得、很舒服、很有趣的事。有的人会让我觉得活着很没劲，碰到他会把我的能量都吸走。"

人的意识就是一种无形的能量，也可以称之为意念力。人的意念力往往是影响事态最终结果的重要因素。一个人乐观，他所看到的就是美好的；悲观，所看到的就是灰暗的。前者拥有极具爆发力的"无敌磁场"，能够尽可能地扫清通往成功道路上的一切障碍，而后者也有极具爆发的"无敌磁场"，但这种磁场只会在瞬间毁灭掉所有积极向上的能量。所以，请避开那些拥有负面的"无敌磁场"的人，因为或许有一天他们的负能量在吞噬自己的同时，会连同自己的所有乐观意念一起毁灭。

警惕职场负能量

小林毕业之后进入一家企业，努力加上机会，三年以后她开始带领一支团队。后来因为工作表现突出，公司将她安排到另外一个部门担任主管。但小林没有想到的是，这样的一次职位上的调整却会彻底改变她的职业轨迹。

在新的部门，小林的上司是在行业内有着多年经验的前辈。小林原本以为在这样的领导手下做事会学到许多的经验，但是让小林没有想到的是，实际完全不是这么回事。新上司不断用自己的经验和阅历来指责甚至批评小林在新职位上的表现。开始的时候，小林确实以为这仅仅是因为自己的经验欠缺，才导致上司对自己要求严格，于是她认真听取，同时也多渠道的学习和了解。但是渐渐地，小林发现上司的指责并不仅仅是因为自己专业的暂时欠缺，即使是在一些常规性的管理问题上也是如此，这让小林渐渐感觉到了压力。

尽管这样的情况让小林有些措手不及，但是她仍旧一方面继续提升自己的业务能力，另一方面也加强了与上司的沟通。然而这样一段时间之后，上司的处事方式并未改变，同时小林也发现，其实他对待其他的主管和同事也是一样的情况。这样的结果导致这个部门表面上看起来井然有序，但是实际上大家却谨言慎行，工作中完全没有热情和创新。

在那段时间里，因为工作上的事情，小林备受煎熬，也史无前例地开始对自己的工作能力、管理能力甚至个人都产生了深度的怀疑。同时，新部门也算是业绩部门，因为很多的问题没有沟通成功，业绩也受到了不同程度的影响，渐渐地，小林开始不自信，情况变得糟糕起来了。

就在小林备感迷茫的时候，一次偶然的业务培训中，她接触到了职场负能量这个词。对照自己的现状后，小林与公司的人事负责人进行了一次沟通，在陈述了自己的感受后，小林要求暂时停止工作，休整一段时间，同时请公司考虑为其调整工作的部门。

这个故事到此算是暂告一个段落。小林的经历或许是个个例，但是身处职场中的人，却不能不关注自己身边各种的职场能量，因为这些所谓的能量，不仅会直接或者间接的影响人们的工作表现，甚至会影响生活。

所谓职场能量，简单地说，就是工作中接触到的人给自己传达的信息，包括言语信息、情绪信息、动作信息甚至是工作状态的信息。这些都会因为实施者的表现对其他的职场人员产生不同的效果和结果。

职场能量对个人和公司的影响是不言而喻的，如果一个团队中有一个甚至几个总是无所事事又喜欢论人是非，对公司各种情况给予指责的人，团队中其他的人怎么能够持续地保持努力工作、敬事爱岗的状态呢？时间久了，必定会导致员工对公司有各种负面的看法，甚至成为这些负能量团队中的一员，波及更大。

对待团队，尽管公司不同，要求也会千差万别，但是积极、乐观、互助、勤奋以及开放的心态和态度、良性的竞争等这些都是大家倡导与希望的。具有这些特质的团队注重成长会多于注重成绩，注重进步会多于注重晋升。而团队成员之间也会是健康而积极的团队关系。